VILLE DE FEZ

Concession d'une Distribution d'Énergie Électrique

CONVENTION

CAHIER DES CHARGES

VILLE DE FEZ

Concession d'une Distribution d'Énergie Électrique

CONVENTION

CAHIER DES CHARGES

CONVENTION

CONVENTION

Entre les soussignés :

Son Excellence le Pacha, président de la Municipalité de Fez, agissant au nom et pour le compte de la Ville, sous réserve de l'homologation des présentes par M. le Général Commandant la région de Fez et le Grand Vizir, et de leur approbation par M. le Commissaire Résident général de la République française au Maroc,

et

M. Paul Jordan, gérant du Syndicat d'Études des Chutes de l'Oued Fez, agissant pour le compte dudit Syndicat,

A été convenu ce qui suit :

Article premier.

Objet de la Concession.

La Ville de Fez accorde à M. Jordan, ès-qualités, la concession d'une distribution d'énergie électrique.

En outre, elle lui rétrocède les concessions par elle obtenues de l'État chérifien :

1° Des chutes de l'Oued Ech Cheracher, entre le pont de la route allant de Bab el Hadid à Bab Sidi Bou Naafa, et le confluent du susdit Oued avec la branche de l'Oued Fez qui contourne le Mellah ;

2° Des chutes de l'Oued Bou Kherareb, entre sa sortie des remparts et le point situé à 400 mètres à l'aval du pont de Ben Tatou.

M. Jordan acceptant lesdites concession et rétrocession et celles-ci étant faites aux clauses et conditions stipulées par la présente Convention et par le Cahier des Charges annexé qui en fait partie intégrante.

Art. 2.

Constitution et statuts d'une Société concessionnaire.

Dans un délai de quatre mois à compter du jour où l'approbation par le Commissaire Résident général de la présente Convention aura été notifiée à M. Jordan, celui-ci devra avoir constitué, sous le régime de la loi française, et sous le nom de *Compagnie Fasi d'Électricité*, une Société dont la durée soit au moins égale à celle de la concession et qui se substituera à lui pour l'exercice de tous les droits et obligations résultant de ladite concession.

Les statuts de cette Société devront être communiqués au Président de la Municipalité de Fez, auquel il appartiendra d'autoriser la substitution au nom et pour le compte de la Ville.

Art. 3.

Interdiction de cession totale ou partielle.

Toute cession totale ou partielle de la concession ne pourra intervenir qu'après l'approbation du Président de la Municipalité, agissant au nom et pour le compte de la Ville de Fez.

Toutefois, il est entendu que le Président de la Municipalité ne pourra opposer de refus à cette demande de cession qu'autant qu'il estimerait que le cessionnaire ne présente pas de garanties suffisantes pour assurer l'exercice régulier de la concession et sa gestion économique. L'autorisation de cession ne devra en aucun cas être subordonnée à une modification des clauses de la présente Convention et du Cahier des Charges annexé et à la stipulation d'avantages nouveaux au profit de la Ville.

Art. 4.

Constitution du Capital social.

Le capital-actions de la Société visée à l'article 2 devra être, dès l'origine, de un million cinq cent mille francs (1.500.000 francs) au moins. Il ne sera pas admis d'actions libérées autrement qu'en argent.

Les quatre cinquièmes au moins du susdit capital devront être, soit employés aux travaux de premier établissement, soit affectés à la constitution du cautionnement dont il sera question ci-après, le dernier cinquième pouvant être conservé par le concessionnaire pour servir de fonds de roulement.

Le cautionnement sera de cent mille francs (100.000 francs) : il sera, deux mois au plus tard après la notification de l'acceptation de la substitution prévue à l'article ci-dessus, versé, soit à la Banque d'État du Maroc, soit à la Caisse des Dépôts et Consignations, à Paris.

Il est d'ailleurs entendu que le susdit cautionnement pourra être, au choix du concessionnaire, constitué soit en espèces, soit en titres de rente sur l'État Français ou en obligations de chemins de fer français, représentant, au cours moyen du jour du dépôt, un capital de cent mille francs (100.000 francs).

Les arrérages produits par ce cautionnement resteront acquis au concessionnaire.

Le surplus des ressources nécessaires à l'établissement des ouvrages de la concession pourra être réalisé par des émissions successives d'obligations. Aucune émission d'obligations ne pourra avoir lieu qu'en vertu d'une autorisation du Président de la Municipalité de Fez, agissant au nom et pour le compte de la Ville.

Cette autorisation ne pourra être obtenue, pour la première émission, qu'après emploi, soit en travaux de premier établissement, soit à la constitution du cautionnement prévu ci-dessus, des neuf dixièmes de la partie du capital-actions affectée à ces usages, de par le paragraphe 2 du présent article; pour les émissions suivantes, qu'après emploi aux mêmes fins de toute la partie du capital-actions visée ci-dessus et des neuf dixièmes des fonds provenant des émissions précédentes.

Il est d'ailleurs entendu que le concessionnaire pourra ne pas procéder aux émissions aussitôt les conditions ci-dessus remplies, s'il peut se procurer provisoirement par des crédits en compte courant les ressources nécessaires.

Par contre, si le concessionnaire voulait profiter de circonstances favorables du marché financier pour émettre tout ou partie de ses obligations, avant que les conditions ci-dessus fussent réalisées, il pourrait en obtenir l'autorisation du Président de la Municipalité, agissant au nom et pour le compte de la Ville de Fez, mais seulement sous cette réserve que, jusqu'à l'accomplissement desdites conditions, les sommes provenant de ces émissions anticipées resteraient déposées dans les caisses de la Banque d'État du Maroc ou à la Caisse des Dépôts et Consignations, l'intérêt des sommes ainsi déposées restant acquis au concessionnaire.

Art. 5.

Conditions générales de la concession des chutes.

La concession des chutes visée à l'article premier est rétrocédée au concessionnaire dans les conditions et sous les réserves où elle a été consentie à la Ville par l'État chérifien. Il est notamment rappelé :

Qu'elle ne fera pas obstacle au maintien des prises d'eau d'irrigation existant sur l'Oued Fez et ses affluents en amont de Fez, en vertu, soit d'autorisations régulières, soit de droits d'usage que l'Administration chérifienne aurait reconnus valables, étant d'ailleurs entendu qu'avant le 1er décembre 1916, ladite Administration fera procéder à un récolement de ces prises, et que le procès-verbal y relatif indiquera pour chacune d'elles tant le débit maximum autorisé que les époques, jours et heures de fonctionnement.

Qu'en outre, la même Administration chérifienne pourra autoriser, sur l'Oued Fez et ses affluents à l'amont de Fez, des prises d'eau nouvelles, à la condition de spécifier dans les actes d'autorisation à intervenir que les susdites prises seront fermées quand le débit de l'Oued Fez, au pont de Kantra Touila, s'abaissera, savoir :

Pendant la nuit (depuis une demi-heure avant le coucher du soleil jusqu'à une demi-heure après son lever), à 4 mètres cubes.

Pendant le jour (depuis une demi-heure après le lever du soleil jusqu'à une demi-heure avant son coucher), à 3 mc. 500.

En vue de l'application de la clause ci-dessus, une échelle de jaugeage devra être, après toutes opérations nécessaires à sa graduation exacte, établie au pont de Kantra Touila susvisé dans l'année qui suivra l'approbation par le Résident général de la présente Convention.

Il est, en outre, expressément entendu :

Que les chutes rétrocédées ne pourront être utilisées que pour la production de l'énergie électrique nécessaire au fonctionnement de la concession ou employées aux usages accessoires que définit l'article 8 ci-dessous.

Que la Société concessionnaire devra, avant l'expiration d'un délai de six ans compté à partir du jour de l'origine de la concession tel qu'il est défini à l'article 40 du Cahier des Charges, faire connaître si elle entend poursuivre l'aménagement des chutes de l'Oued Bou Kherareb ou y renoncer; en cas de renonciation, elle perdrait, en ce qui concerne lesdites chutes, le bénéfice de la rétrocession prévue à son profit à l'article premier, — laquelle serait annulée *ipso facto* et de plein droit, — sans pouvoir prétendre à aucune compensation ou indemnité de ce chef.

Art. 6.

Ouvrages compris dans la concession.

Rentreront dans la concession :

Les usines hydro-électriques à établir sur les chutes rétrocédées, y compris les barrages, dérivations, réservoirs, etc., et tous autres ouvrages que comporte l'aménagement desdites chutes, les usines thermiques et les machines, engins et appareils à installer dans les usines de l'une et l'autre catégories (conduites forcées, turbines, machines et moteurs, alternateurs, etc.).

Les canalisations à haute et basse tension, les sous-stations, postes de transformateurs, etc., etc.

Les appareils destinés à l'éclairage des voies, rues et autres lieux de circulation publique (supports et accessoires, lampes, etc.).

Et, de façon générale — à la seule exception de la partie des branchements desservant les immeubles riverains sise au delà de la boîte du coupe-circuit principal, et des compteurs, colonnes montantes, lampes et accessoires à installer à l'intérieur desdits immeubles — tous les ouvrages, engins et appareils nécessaires à la production de l'énergie électrique, à son transport et à sa distribution.

Lesdits ouvrages, engins et appareils seront établis par les soins et aux frais du concessionnaire; les usines des deux catégories et leurs dépendances, les sous-stations et postes de transformateurs, devront l'être dans des immeubles lui appartenant et sur des terrains de sa propriété, sauf, en ce qui concerne les sous-stations et postes de transformateurs, application des dispositions stipulées à titre éventuel à l'article 9 ci-après pour installation sur des parcelles du domaine public.

Art. 7.

Périmètre de la concession. — Droits reconnus au concessionnaire à l'intérieur de ce périmètre.

Le périmètre de la concession est délimité par une circonférence de 7 kilomètres de rayon, ayant comme centre le minaret de la mosquée du Sultan dans Fez-Djedid.

Pendant la durée de la concession, le concessionnaire pourra établir et entretenir à l'intérieur dudit périmètre, les ouvrages, engins et appareils visés ci-dessus; il aura seul le droit d'y utiliser les voies publiques pour l'installation des canalisations destinées à l'éclairage public ou privé, sauf toutefois l'exception stipulée au profit de l'autorité militaire par l'article 31 du Cahier des Charges pour l'éclairage des camps.

Par contre, ce privilège ne s'étend pas aux canalisations devant servir à des usages autres que l'éclairage, et notamment aux transports en commun, étant d'ailleurs entendu que les tiers qui viendraien à établir des canalisations pour les susdits usages pourraient les employer, à titre accessoire, à l'éclairage, soit des locaux occupés par leurs entreprises, soit des voies créées en vue de celles-ci, et uniquement utilisées par elles.

Art. 8.

Utilisation accessoire des ouvrages de la concession.

Toutefois, le concessionnaire pourra, en cas d'accord intervenu entre lui et les tiers, faire usage des ouvrages, engins et appareils déjà établis par lui en vertu de sa concession, et les compléter par des ouvrages, engins et appareils nouveaux, pour desservir les entreprises de transports en commun, et, de façon générale, toutes les entreprises et industries installées soit à l'intérieur, soit en dehors du périmètre défini à l'article 7, mais seulement sous la réserve expresse qu'il y sera autorisé par la Ville de Fez. Celle-ci ne sera tenue d'accorder cette autorisation qu'au cas où elle estimerait que l'accomplissement des obligations ainsi contractées par le concessionnaire n'est pas susceptible d'entraver le bon fonctionnement de la concession.

La même Ville décidera si les services accessoires assumés par le concessionnaire, et, par suite, les ouvrages, engins et appareils nouveaux dont il est parlé ci-dessus, seront rattachés à la concession, auquel cas le périmètre de celle-ci serait étendu, s'il y avait lieu, autant que de besoin, ou s'ils en resteront distincts.

Les baux et contrats intervenus, en application du présent article, entre le concessionnaire et les entrepreneurs ou industriels intéressés, ne seront définitifs qu'après approbation de la Ville.

Il est, d'ores et déjà, spécifié :

1° Que, s'il n'y a pas rattachement à la concession des services qu'ils visent, les baux et contrats intervenus — dont la durée ne pourra alors excéder celle de la concession — devront contenir une clause stipulant qu'ils seront annulés de plein droit, en cas de rachat ou de déchéance de celle-ci ;

2° Que, s'il y a, au contraire, rattachement à la concession des susdits services, la Ville de Fez sera, de plein droit, substituée au concessionnaire, à l'expiration de la concession, comme en cas de rachat ou de déchéance de celle-ci.

Art. 9.

Droits et obligations du concessionnaire en matière d'exécution de travaux.

Le concessionnaire sera investi, pour l'exécution de tous les ouvrages compris dans la concession, des droits que les lois et règlements actuellement en vigueur ou à intervenir ont conféré ou conféreront à la Ville de Fez, en matière d'expropriation, d'occupation temporaire, de fixation des supports aux façades des immeubles riverains, etc.

Il ne paiera, pour occupation des voies publiques par ses canalisations et des parcelles du Domaine public qui seraient reconnues indispensables à l'établissement des ouvrages de la concession, qu'une redevance unique de un franc (1 franc) par an; cette redevance ne serait pas augmentée au cas où la Ville, après entente avec l'État chérifien, s'il y avait lieu, l'autoriserait à installer sur le Domaine public ses sous-stations et postes de transformateurs; mais il est expressément spécifié que cette autorisation ne sera donnée qu'autant que la Ville de Fez, qui restera en l'espèce seule juge, estimerait qu'elle n'est préjudiciable ni à l'intérêt public, ni aux droits des tiers, et que les sous-stations et postes de transformateurs seront, dans le cas contraire, établis sur terrains particuliers, sans qu'il puisse en résulter pour le concessionnaire droit à une indemnité quelconque.

Par contre, le susdit concessionnaire sera soumis, sans pouvoir réclamer, quelles que soient la nature et l'importance des gênes et sujétions qui lui seraient occasionnées de leur chef :

1° Aux lois et règlements intervenus ou à intervenir en ce qui concerne le régime des eaux, la grande voirie ou la voirie urbaine, la sécurité ou la salubrité publiques, etc.;

2° A ceux à intervenir au sujet de l'établissement, de l'exploitation et du fonctionnement des installations électriques, et, en attendant leur promulgation, aux règlements similaires en vigueur en France, notamment à ceux édictés en application de la loi du 13 juin 1906, sauf dérogations admises par la Direction générale des Travaux publics.

Art. 10.

Définition des ouvrages, engins et appareils à établir par le concessionnaire.

Les ouvrages, engins et appareils dont le concessionnaire devra poursuivre l'établissement, soit dès l'origine de la concession, soit ultérieurement, avec obligation pour lui, tant d'en dresser les projets que d'en assurer l'exécution, sont ceux définis respectivement aux articles 1 à 3 du Cahier des Charges.

Art. 11.

Présentation et approbation des projets.

Les projets de tous les ouvrages, engins et appareils rentrant dans la concession, et aussi ceux des ouvrages, engins et appareils destinés à des utilisations accessoires, que la Ville, en vertu de la faculté que lui réserve l'article 8 ci-dessus, aurait déclaré devoir rester en dehors de celle-ci, seront, une fois dressés par le concessionnaire, soumis par lui au Président de la Municipalité. Celui-ci les transmettra, avec son adhésion ou ses observations, à la Direction générale des Travaux publics, à laquelle il appartiendra de les approuver. Le concessionnaire ne pourra se refuser à y apporter aucune des modifications à laquelle cette approbation serait subordonnée, et devra, quand l'importance de celle-ci paraîtra à la Direction générale des Travaux publics, exiger une présentation nouvelle, soumettre derechef à l'approbation, dans la même forme que les projets originels, les projets modifiés.

Art. 12.

Passation et approbation des marchés.

L'exécution des projets mentionnés à l'article précédent sera, suivant la décision qui sera, dans chaque cas, prise par la Direction générale des Travaux publics, le concessionnaire entendu, poursuivie, par voie, soit de régie directe, soit de marchés de gré à gré, soit de marchés sur adjudication publique.

Il est expressément spécifié :

Que les marchés de gré à gré seront passés directement par le concessionnaire, mais toujours après appel d'offres, ledit concessionnaire étant tenu de démontrer que la concurrence a été suffisamment provoquée et, à cet effet, de fournir tous les renseignements à lui demandés sur les conditions dans lesquelles l'appel a été lancé, et de joindre au dossier toutes les réponses reçues.

Que les adjudications publiques seront poursuivies par les soins de la Direction générale des Travaux publics qui saisira les Commissions compétentes à cet effet, et veillera à l'accomplissement de toutes les formalités réglementaires en l'espèce.

Qu'enfin les marchés de l'une et l'autre catégories ne deviendront définitifs qu'après leur approbation par la Direction générale des Travaux publics.

Art. 13.

Exécution, contrôle et réception des travaux.

Les ouvrages, engins et appareils visés à l'article 11 devront être exécutés dans les conditions prescrites aux articles 7 à 13 du Cahier des Charges et être terminés, savoir :

Ceux définis aux articles 1er et 2 du Cahier des Charges, dans les délais respectivement fixés à cet effet par l'article 4, sous peine de l'application des pénalités prévues à ce même article.

Les canalisations complémentaires, visées à l'article 3, dans le délai fixé à l'article 5, sous peine de l'application des pénalités prévues à ce même article.

Et enfin, les ouvrages complémentaires autres que les canalisations, dans les délais qui seront ultérieurement fixés, en même temps que les pénalités auxquelles leur non observation donnerait lieu, comme il est indiqué au susdit article 5.

Art. 14.

Exploitation de la concession. — Contrôle.

Le contrôle de la construction sera exercé, au nom et pour le compte de la Ville, par la Direction générale des Travaux publics, à laquelle il appartiendra de prononcer la réception des ouvrages et d'autoriser leur mise en service.

Le concessionnaire sera tenu d'assurer :

1° Dans les conditions prescrites aux articles 16 et 17 du Cahier des Charges, l'entretien de tous les ouvrages, engins et appareils de la concession;

2° Dans celles prescrites aux articles 18 à 27 de ce même Cahier, le fonctionnement des divers services de ladite concession.

Il percevra les taxes fixées aux articles 29 à 36, le règlement des sommes qui lui seront dues de ce chef s'effectuant comme il est dit aux articles 37 et 38.

Le contrôle de l'exploitation sera, comme celui de la construction, exercé, au nom et pour le compte de la Ville, par la Direction générale des Travaux publics.

Art. 15.

Compte de premier établissement.

Il sera dressé, pour la concession, un compte unique de premier établissement.

Ce compte sera ouvert au jour de l'origine de ladite concession, et tenu constamment à jour, de façon à ce que l'on puisse en déterminer le montant à un moment quelconque, et, notamment au 31 décembre de chaque année

Ce compte comprendra :

En dépenses :

Toutes les sommes que le concessionnaire justifiera avoir dépensées dans un but d'utilité :

1° Pour l'établissement des ouvrages de tous genres compris dans la concession, qui auront été exécutés d'après les projets approuvés, et aussi les frais des opérations d'études exécutées sur le terrain postérieurement à l'origine de ladite concession et les indemnités de dépossession et de dommages se rattachant aux travaux;

2° Pour l'acquisition et l'installation des engins et appareils compris dans la même concession.

Étant d'ailleurs entendu :

Que les dépenses portées en compte seront celles figurant aux décomptes des entrepreneurs et tâcherons, factures de fournisseurs, feuilles de paie d'ouvriers et surveillants de chantiers, et autres pièces justificatives à fournir par le concessionnaire, avec majoration de 15 °/₀ destinée à couvrir celui-ci des frais de constitution de la Société, des frais de direction et d'administration centrales (loyer et dépenses des bureaux de Paris, traitement et indemnités, tant du directeur que des ingénieurs et agents de tout ordre attachés au susdit bureau, rémunération du Conseil d'administration), des frais de direction et d'administration locales (loyer et dépenses des bureaux de Fez, traitement et indemnités, tant du directeur local que des ingénieurs, dessinateurs et comptables attachés aux susdits bureaux), et enfin des frais d'émission de titres dont il ne sera pas tenu d'autre compte;

b) Les intérêts intercalaires de celles des sommes ci-dessus qui auront été dépensées antérieurement à l'ouverture du premier compte d'exploitation, ces intérêts étant calculés au taux de 5 °/₀, et, pour les sommes employées au cours de chaque mois, sur la période comprise entre le premier jour du mois suivant et la date d'ouverture du premier compte d'exploitation susvisé;

c) Les dépenses d'exploitation effectuées antérieurement à ladite ouverture, et leurs intérêts intercalaires calculés jusqu'au jour de celle-ci dans les conditions indiquées sous la lettre *b* ci-dessus;

d) Et le montant des primes auxquelles le concessionnaire aura droit par application des articles 4 et 5 du Cahier des Charges pour avance dans l'achèvement et la mise en état de réception des ouvrages, lesdites primes qui, par conséquent, ne donneront lieu à aucun versement effectif de la Ville au concessionnaire, étant portées en dépenses, savoir : celles afférentes au groupe d'ouvrages défini à l'article premier du Cahier des Charges susvisé, au jour de l'ouverture du premier compte d'exploitation, celles afférentes aux ouvrages définis à l'article 3, et, de façon générale, à tous ceux établis postérieurement à l'ouverture susvisée, au jour de la mise en service desdits ouvrages.

En recettes :

e) Les recettes d'exploitation effectuées antérieurement à l'ouverture du premier compte d'exploitation, et leurs intérêts intercalaires, calculés comme il est dit sous la lettre *b* ci-dessus jusqu'au jour de la susdite ouverture;

f) Le montant des pénalités encourues par le concessionnaire de par les articles 4 et 5 déjà visés du Cahier des Charges, pour retards dans l'achèvement et la mise en état de réception des ouvrages, lesdites pénalités qui, par conséquent, ne donneront lieu à aucun versement effectif du concessionnaire à la Ville, étant portées en recettes, savoir : celles afférentes au groupe d'ouvrages défini à l'article premier, au jour de l'ouverture du premier compte d'exploitation, celles afférentes aux ouvrages définis à l'article 3, et, de façon générale, à tous ceux établis postérieurement à l'ouverture susvisée, au jour de la mise en service desdits ouvrages;

g) Les sommes représentant le prix à l'état neuf des ouvrages, engins et appareils anciens qui seraient destinés à être remplacés par des ouvrages, engins et appareils nouveaux portés en dépenses, cette inscription étant faite au jour de la mise en service des susdits ouvrages, engins et appareils nouveaux.

Le compte de premier établissement sera vérifié, et son montant à la fin de chaque année arrêté dans les conditions définies à l'article 39 du Cahier des Charges.

Art. 16.

Compte d'exploitation.

Il sera dressé chaque année, pour l'ensemble de la concession, un compte d'exploitation.

Le premier de ces comptes sera ouvert au jour où auront été mis en service tous les ouvrages, engins et appareils du groupe défini à l'article premier du Cahier des Charges et clos le 31 décembre suivant; les comptes postérieurs seront ouverts chacun au 1er janvier de l'année qu'ils concernent et clos le 31 décembre de cette même année.

Chaque compte d'exploitation comprendra :

En dépenses :

a) Les frais d'entretien et de réparations courantes, y compris l'acquisition et le renouvellement du petit matériel à ce destiné, de tous les ouvrages, engins et appareils de la concession, les frais de fonctionnement des services d'amenée et de distribution et tous autres rattachés à la concession, les frais d'acquisition des engins et appareils d'éclairage vendus ou loués à des particuliers et ceux des installations effectuées au compte de ces derniers, étant entendu que les dépenses portées en compte seront celles figurant aux pièces justificatives, similaires de celles énumérées à propos du compte de premier établissement sous la lettre *a* de l'article 15, avec majoration de 10 % destinée à couvrir le concessionnaire des frais de direction et d'administration, tant centrale que locale, tels qu'ils sont définis au même article et sous la même lettre;

b) Les intérêts afférents à l'exercice envisagé des sommes portées au compte de premier établissement antérieurement audit exercice ou au cours de celui-ci, étant d'ailleurs entendu que ces intérêts, qui seront toujours calculés au taux de 5 % l'an, seront ceux correspondant : à l'exercice tout entier pour les sommes dépensées antérieurement à l'origine dudit exercice, c'est-à-dire antérieurement à l'ouverture du premier compte annuel d'exploitation, pour l'exercice de début, et, pour chacun des exercices suivants, antérieurement au 1er janvier de l'année à laquelle l'exercice s'étend.

Et, pour les sommes dépensées en cours d'exercice, quelle que soit la date effective de la dépense, à la moitié de l'exercice, savoir : à la moitié de la période comprise entre la date d'ouverture du premier compte d'exploitation et le 31 décembre suivant pour l'exercice de début, et à une durée uniforme de six mois pour tous les exercices suivants;

c) En outre, pour les sommes employées au cours des années antérieures, les annuités d'amortissement calculées, pour les sommes afférentes à chaque année, au même taux d'intérêt que ci-dessus, d'après le délai restant à courir entre le 1er janvier suivant et l'expiration de la concession, étant par conséquent entendu que le premier exercice sur lequel sera imputée une annuité d'amortissement sera celui commençant au 1er janvier qui suivra l'ouverture du premier compte d'exploitation;

d) Et enfin, une somme égale à 1/2 % du montant du compte de premier établissement tel qu'il aura été arrêté au 1er anvier de l'année considérée, la somme ainsi prélevée étant versée à un fonds, dit de renouvellement, sur lequel seront imputées les dépenses des réparations qui, en raison de leur importance et de leur caractère exceptionnel, ne rentreront pas dans la catégorie de celles visées sous la lettre *a* du même présent article, et aussi la part des dépenses de remplacement d'ouvrages, engins et appareils, qui n'aura pas été payée sur le premier établissement, autrement dit celle représentant le prix à l'état neuf des ouvrages, engins et appareils remplacés, laquelle, en vertu des dispositions stipulées sous la lettre *a*, § 2°, et sous la lettre *g* de l'article 15, aura figuré au premier établissement à la fois au crédit et au débit.

En recettes :

e) Le produit des redevances payées pendant l'année, soit par la Ville, soit, à un titre quelconque, par les particuliers, y compris le montant des taxes accessoires prévues aux articles 33 et 34 du Cahier des Charges pour installations d'éclairage privé, et aussi les sommes versées par les usagers au profit desquels la Ville, par application de la faculté d'option que lui réserve l'article 8 de la présente Convention, aurait autorisé l'organisation de services annexes rattachés à la concession :

f) Et, au cas où la Ville, toujours en vertu de la faculté que lui concède le susdit article 8, aurait autorisé l'organisation de services annexes avec liberté pour le concessionnaire d'utiliser, en vue de les assurer, certains ouvrages, engins et appareils de la concession, mais en stipulant que lesdits services resteraient par ailleurs étrangers à celle-ci, une somme calculée en appliquant aux quantités d'énergie employées à des usages étrangers à la concession, mesurées à la sortie des ouvrages d'utilisation commune, un tarif au compteur. Ce tarif sera établi comme suit lors de la mise en service des ouvrages non compris dans la concession. On évaluera séparément : 1° l'annuité globale d'entretien des ouvrages d'utilisation commune en faisant figurer dans cette annuité, non seulement les dépenses d'entretien et de fonctionnement proprement dites, mais également les annuités d'intérêt et d'amortissement du capital de premier établissement, relatif à ces ouvrages ; 2° le nombre total de kilowatt-heures devant être produits ou transportés par les ouvrages d'utilisation commune, en y comprenant les kilowatt-heures dont on prévoiera l'emploi pour les usages étrangers à la concession. Le quotient du premier des deux nombres par le second sera le prix adopté pour le kilowatt-heure. Ce prix sera revisable tous les trois ans à la demande de l'une ou de l'autre des deux parties et, en cas de désaccord à son sujet, il sera procédé à sa fixation par voie d'arbitrage, dans les conditions stipulées à l'article 48 du Cahier des Charges.

Chacun des comptes annuels d'exploitation sera vérifié et arrêté au 31 décembre, dans les conditions définies à l'article 39 du Cahier des Charges déjà visé à propos du compte de premier établissement.

Art. 17.

Déchéance de la concession.

La déchéance de la concession pourra être prononcée dans les conditions stipulées à l'article 42 du Cahier des Charges :

Si la Société concessionnaire n'était pas constituée dans le délai prévu à l'article 2 de la présente Convention ;

Si elle n'avait pas versé son cautionnement dans le délai prévu à l'article 4 ;

Si elle avait cédé tout ou partie de la concession sans l'autorisation préalable exigée par l'article 3 ;

Si les retards dans l'achèvement et la mise en état de réception des ouvrages dépassaient ceux indiqués à l'article 4 du Cahier des Charges, comme devant seulement donner lieu à l'application des pénalités prévues à ce même article, et s'il n'y avait pas à ces retards d'excuses valables ;

Enfin, si elle avait manqué à une des obligations essentielles que lui impose l'article 14 ci-dessus pour l'entretien des ouvrages et l'exploitation de la concession.

Art. 18.

Rachat de la concession.

La concession pourra être rachetée par la Ville de Fez, ou par toute personne ou Société qu'elle désignerait à cet effet, à charge par la Ville de prévenir le concessionnaire de ses intentions au moins six mois à l'avance, dès l'expiration d'un délai de huit ans compté à partir du 1er janvier qui suivra l'origine de la concession, étant entendu toutefois que la date fixée pour le rachat ne pourra être autre qu'un 1er janvier.

Les conditions dans lesquelles le susdit rachat sera opéré sont celles stipulées par l'article 43 du Cahier des Charges.

Lu et approuvé :

Paris, le 24 juillet 1914,

Paul JORDAN.

Vu pour approbation :

Rabat, le 24 octobre 1914,

Le Commissaire Résident Général,

LYAUTEY.

CAHIER DES CHARGES

CAHIER DES CHARGES

Annexé à la Convention de Concession

TITRE PREMIER

Programme général de la concession. — Ouvrages, Engins et Appareils à établir. Délai d'exécution et installation.

ARTICLE PREMIER.

Ouvrages, engins et appareils à établir par le concessionnaire dès l'origine de la concession.

L'aménagement de la distribution d'énergie électrique, concédée par la Convention dont le présent Cahier des Charges fait partie intégrante, comportera, en tant qu'ouvrages à exécuter et appareils à installer dès l'origine de la concession, ceux énumérés ci-après, savoir :

1° Une usine hydro-électrique sur l'Oued Ech Cheracher, susceptible de produire une puissance nette utilisable de 150 kilowatts au moins, tant que le débit du susdit Oued ne s'abaissera pas au-dessous de 1 mètre cube, ladite usine comprenant notamment :

a) Un barrage, établi à l'aval du pont existant sur la route de Bab El Hadid à Bab Sidi Bou Naafa, avec déversoir, vannes de décharge, vannes de fond, chambre de décantation des eaux, et tous ouvrages accessoires s'y rattachant :

b) Un réservoir de 200 mètres cubes de capacité, qui sera placé au voisinage du barrage, au-dessus et à l'origine de la conduite forcée mentionnée ci-après, pour parer aux à-coups de consommation d'eau ;

c) Une conduite forcée de 400 mètres environ de longueur, avec chute de 25 mètres au moins :

d) Un bâtiment situé près du confluent de l'Oued Ech Cheracher et de la branche de l'Oued Fez qui contourne le Mellah, avec toutes installations annexes reconnues utiles :

e) Une turbine de 250 chevaux au moins, un alternateur triphasé de puissance correspondante, et tous autres engins et appareils à mettre en œuvre pour la production de l'énergie ;

2° Un groupe thermique de secours, aménagé soit dans le bâtiment visé ci-dessus, soit dans un bâtiment distinct, au voisinage de celui-ci, avec deux moteurs Diesel de 50 chevaux chacun ;

3° Les canalisations à haute tension, sous-stations et postes de transformateurs nécessaires à l'amenée et à la transformation de l'énergie ainsi produite ;

4° Un réseau de canalisation à basse tension, mesurant au total une longueur minima de 36 kilomètres ;

5° 1.150 lampes de 25 bougies, 30 de 50 bougies et 20 de 100 bougies, représentant par conséquent une puissance lumineuse totale de 32.250 bougies pour l'éclairage des voies, rues et autres lieux de circulation publique, ces lampes étant réparties le long du réseau de canalisations de basse tension visé sous le n° 4 ci-dessus, selon les indications données par la Ville de Fez, ladite Ville conservant d'ailleurs le droit d'en faire varier le nombre et la puissance, à condition que ne soit pas dépassée la puissance totale de 32.250 bougies sus-indiquée, et que le nombre des foyers n'excède pas 1.250 ;

6° Et enfin, tous les branchements particuliers qui seraient demandés par les riverains du même réseau de basse tension, trois mois avant l'expiration du délai fixé par l'article 4 ci-dessous, pour l'achèvement du groupe d'ouvrages défini au présent article.

Art. 2.

Ouvrages, engins et appareils à établir par le concessionnaire pour l'aménagement éventuel des chutes de l'Oued Bou Kherareb.

Au cas où le concessionnaire, usant de la faculté que lui réserve l'article 5 de la Convention, aurait dans un délai de six ans, comptés à partir de l'origine de la concession, déclaré vouloir procéder à l'aménagement des chutes de l'Oued Bou Kherareb, cet aménagement devrait comporter les ouvrages, engins et appareils énumérés ci-après, savoir :

1° Une usine hydro-électrique, susceptible de produire une puissance nette utilisable de 800 kilowatts au moins, tant que le débit de l'Oued ne s'abaissera pas au-dessous de 4 mètres cubes, ladite usine comprenant :

a) Un barrage établi immédiatement à l'aval des remparts, avec déversoir, vannes de décharge, vannes de fond, chambre de décantation, et tous ouvrages accessoires s'y rattachant ;

b) Une dérivation allant de ce barrage à l'origine de la conduite forcée mentionnée ci-après, ladite dérivation étant constituée, sur une longueur de 1.070 mètres environ, par une galerie souterraine de section suffisante pour pouvoir être parcourue et visitée d'un bout à l'autre ;

c) Une conduite forcée mesurant approximativement 450 mètres, avec chute de 32 mètres au moins ;

d) Un bâtiment situé sur le bord de l'Oued, à 400 mètres à l'aval du pont de Ben Tatou, avec toutes annexes reconnues utiles ;

e) Un réservoir de 1.500 mètres cubes, pour parer aux à-coups de consommation d'eau ;

f) Deux turbines de 600 chevaux au moins, — la place étant réservée pour l'installation d'une troisième turbine de rechange, — avec alternateurs triphasés de puissance correspondante, et tous autres engins et appareils à mettre en œuvre pour la production de l'énergie ;

2° Les canalisations à haute tension, les sous-stations et postes nouveaux, nécessaires à l'amenée et à la transformation de l'énergie ainsi produite.

Art. 3.

Ouvrages, engins et appareils complémentaires à établir au cours de la concession.

Le concessionnaire pourra, à toute époque, établir dans le périmètre défini à l'article 7 de la Convention de concession, des canalisations autres que celles comprises dans les réseaux visés aux articles 1 et 2 ci-dessus.

Il sera expressément tenu de le faire toutes les fois qu'à la suite de demandes formulées par la Ville ou les particuliers, et par application des taxes en vigueur au moment où lesdites demandes se produiront, il lui sera garanti pour une période de cinq ans une recette brute annuelle de 3 francs par mètre de canalisation nouvelle, restant d'ailleurs entendu que la longueur de celle-ci sera, en vue de l'application de la présente clause, celle comptée à partir du réseau déjà existant, sans tenir compte des branchements destinés au service des immeubles riverains.

En outre, jusqu'à l'origine de la quinzième année précédant l'expiration de la concession, le concessionnaire, qu'il renonce à l'installation de l'usine de l'Oued Bou Kherareb ou s'y décide, et, dans ce dernier cas, avant comme après ladite installation, sera tenu d'augmenter chaque année la puissance de ses usines thermiques, de façon à ce que la puissance totale dont il pourra disposer dépasse de 20 % au moins la puissance maxima utilisée l'année précédente au moment de la pointe de la journée la plus chargée. Il est d'ailleurs expressément spécifié que, pour cette comparaison, on adoptera, en ce qui concerne les usines hydro-électriques, non la puissance théorique, calculée en supposant atteints par les oueds qui les actionnent les débits visés aux articles 1 et 2, mais bien la puissance réellement développée au cours de la journée prise comme terme de comparaison.

Le concessionnaire ne pourra arguer, pour se soustraire à cette obligation, la diminution de rendement qu'aura entraînée pour lui la réduction des débits susvisés, hors le cas où le concessionnaire aurait pu établir que l'État chérifien a excédé, en matière d'autorisation de prise d'eau pour irrigation, les droits que lui confère l'article 5 de la Convention de concession.

Pendant les quinze dernières années de la concession, le concessionnaire ne sera plus tenu à l'obligation stipulée par le paragraphe 3 du présent article. Toutefois, il ne pourrait, au cours de ce délai, se refuser à réaliser les installations qui lui seraient demandées par la Ville pour augmenter, jusqu'à concurrence des limites plus haut indiquées, la puissance de ses usines, sous la réserve qu'en fin de concession, il lui serait tenu compte, dans les conditions stipulées à l'article 41 du présent Cahier des Charges, de la partie non encore amortie du capital consacré aux dites installations.

Art. 4.

Délais d'exécution ou d'installation des ouvrages, engins et appareils visés aux articles 1 et 2.

Les ouvrages, engins et appareils visés aux articles ci-dessus devront être terminés et mis en état de réception, savoir :

Ceux du groupe défini à l'article premier, dans un délai de vingt mois, compté à partir du jour de l'origine de la concession, telle qu'elle est fixée par l'article 40 du présent Cahier des Charges.

Ceux du groupe défini à l'article 2, pour le cas où le concessionnaire aurait déclaré vouloir procéder à l'aménagement des chutes de l'Oued Bou Kherareb, dans un délai de deux ans, compté à partir du jour où le concessionnaire aura notifié à la Ville de Fez son intention d'aménager les chutes qui doivent actionner le susdit groupe.

Il est expressément entendu que le concessionnaire ne pourra arguer d'aucun empêchement ou sujétion résultant des difficultés de transport à Fez des matériaux à mettre en œuvre, ou des engins et appareils à installer pour demander une prolongation des délais ci-dessus, mais que, par contre, s'il ne pouvait, pour des motifs indépendants de lui, prendre possession des terrains devant servir à l'assiette de certains ouvrages, au jour où il serait prêt à l'ouverture de ses chantiers, le délai d'exécution du groupe dans lequel ces ouvrages se trouveraient compris serait augmenté du retard correspondant.

Que, par ailleurs, ces mêmes délais comprennent ceux que comportent, d'une part, la présentation et l'approbation des projets dans les conditions prévues à l'article 11 de la Convention de concession, et aussi, pour les travaux à traiter de gré à gré, la passation et l'approbation des marchés dans les conditions prévues à l'article 12. Toutefois, la Ville de Fez devra, dans un délai maximum de deux mois après approbation par le Commissaire résident général de la Convention de concession, faire connaître au concessionnaire le plan du réseau de canalisations à basse tension, et l'emplacement des lampes à établir en vertu de l'article premier ; d'autre part, la Direction générale des Travaux publics sera tenue de lui notifier, vingt jours au plus après que le Président de la Municipalité de Fez aura été saisi des dossiers y relatifs, sa décision au sujet de chacun des marchés et projets proposés, et cela, qu'il s'agisse des projets et marchés originels, ou des marchés et projets remaniés, produits en remplacement des précédents, faute de quoi le délai d'exécution des ouvrages du premier groupe serait augmenté du retard survenu dans la communication à faire par la Ville de Fez, et, en outre, le délai afférent à chacun des deux groupes serait accru de la durée cumulée des retards apportés aux notifications de la Direction générale des Travaux publics au sujet des divers projets et marchés concernant les ouvrages du groupe.

Qu'en outre, si par application de la faculté que lui réserve l'article 12 de la Convention, la Direction générale des Travaux publics prescrivait, pour tout ou partie des ouvrages, engins et appareils compris dans l'un des groupes, le recours à l'adjudication publique, le délai d'exécution de ce groupe serait prolongé de trois mois.

Pour chacun des deux groupes d'ouvrages, engins et appareils visés plus haut, le concessionnaire aura droit à une prime de 200 francs par jour d'avance, au cas où l'achèvement et la mise en état de réception seraient constatés avant l'expiration du délai fixé comme il vient d'être dit.

Il sera passible, en revanche, pour chacun de ces deux mêmes groupes, d'une pénalité de 200 francs par jour de retard, si l'achèvement et la mise en état de réception n'étaient pas constatés à l'expiration des susdits délais.

Enfin, il pourra être déclaré déchu, au cas où le retard pour l'un ou l'autre des deux groupes excéderait un an, sans préjudice de l'application, pendant cette période d'un an, des pénalités ci-dessus.

ART. 5.

Délais d'exécution des ouvrages visés à l'article 3.

Le concessionnaire ne sera astreint à aucun délai pour l'installation des canalisations entreprises de sa propre initiative. Au contraire, il devrait avoir achevé et mis en service celles qui lui seraient demandées en application du deuxième paragraphe de l'article 3 ci-dessus :

Si leur longueur n'excédait pas 3.000 mètres, dans un délai de trois mois, à compter du jour où lui aurait été adressée la demande accompagnée des pièces établissant que la recette minima exigible est acquise.

Si leur longueur excédait 3.000 mètres, dans un délai calculé à raison de trois mois pour les trois premiers kilomètres, et d'un mois pour chaque 2.000 mètres, ou fraction de 2.000 mètres en plus.

Il aura droit à une prime de 20 francs par jour d'avance et sera passible d'une pénalité de 20 francs par jour de retard, suivant que l'achèvement et la mise en service seront constatés avant ou après l'expiration des délais ainsi fixés.

Quant aux ouvrages, engins et appareils complémentaires, visés au même article 3, et destinés à augmenter, dans la mesure prescrite par celui-ci, la puissance de production des installations de la concession, leur délai d'exécution, de même que les primes et pénalités à appliquer en cas d'avance ou de retard, seront fixés, dans chaque cas, le concessionnaire entendu, par la Direction générale des Travaux publics.

TITRE II

Préparation des Projets. — Exécution et Entretien des Ouvrages, Engins et Appareils de la Concession.

ART. 6.

Préparation des projets.

Les projets présentés par le concessionnaire devront comprendre :

1° Un plan général à l'échelle de 1/5.000 au moins, indiquant le tracé des canalisations, tant à haute que basse tension, l'emplacement des usines, sous-stations et postes de transformateurs;

2° Des plans d'ensemble à l'échelle de 1/500, donnant la position et les dimensions principales des usines hydro-électriques et thermiques et des ouvrages, engins et appareils qu'elles comportent (barrages, déversoirs, dérivations, conduites forcées, réservoirs, turbines pour les usines hydro-électriques, machines et chaudières pour les usines thermiques, et, dans les deux cas, bâtiments, dépendances, alternateurs, et autres engins de transformation, etc.) ;

3° Des plans, coupes et élévations, à l'échelle de 1/200, des ouvrages visés ci-dessus, et des dessins des engins et appareils, assez complets pour que l'on puisse se rendre compte de leurs conditions de construction et de fonctionnement ;

4° Des estimations suffisamment détaillées, et, pour tous les travaux dont ne sera pas autorisée l'exécution en régie, les cahiers des charges et bordereaux nécessaires à la passation des marchés.

Étant d'ailleurs entendu :

Que les projets d'aménagement des usines hydro-électriques devront satisfaire aux prescriptions du règlement d'eau qui sera dressé par les Services compétents, aussitôt que le concessionnaire leur aura fait connaître de façon précise l'emplacement choisi par lui pour l'établissement de la prise d'eau et du barrage.

Que, d'autre part, le concessionnaire devra produire les calculs nécessaires pour établir que les engins et appareils par lui projetés sont bien susceptibles des rendements stipulés aux articles 1 et 2.

Art. 7.

Conditions générales d'établissement des ouvrages, engins et appareils.

Tous les ouvrages, engins et appareils de la concession devront être en matériaux de première qualité, mis en œuvre selon les meilleures règles de l'art, et devront, sauf dérogations autorisées en cours de travaux, être exactement conformes aux dispositions des projets approuvés.

Il devra notamment être satisfait, dans l'établissement des susdits ouvrages, engins et appareils, aux prescriptions des articles 8 à 13 ci-après.

Art. 8.

Ouvrages en maçonnerie. — Bâtiments, barrages, déversoirs, revêtements des dérivations, chambres d'eau, etc.

Il ne pourra être fait usage, pour l'exécution des ouvrages en maçonnerie, bâtiments, barrages, déversoirs, revêtements des dérivations ou chambres d'eau, etc., que de chaux et ciments d'une marque agréée par la Direction générale des Travaux publics. Ces chaux et ciments devront, dans chaque cas, satisfaire aux conditions de recette qui seront fixées par cette même Direction générale pour les travaux exécutés en régie, ou stipulés par les Cahiers des Charges y relatifs pour ceux ayant fait l'objet de marchés de gré à gré ou d'adjudications.

Les barrages, déversoirs, revêtements des dérivations, etc., devront recevoir sur toutes leurs faces en contact avec l'eau des enduits assurant leur étanchéité parfaite.

Art. 9.

Conduites forcées, turbines, appareils de production ou transformation d'énergie.

Tous les métaux entrant dans la constitution des conduites forcées, turbines, appareils de production et transformation d'énergie devront satisfaire aux conditions de recette fixées par les Cahiers des Charges des marchés y relatifs, la Direction générale des Travaux publics ayant le droit de se faire représenter par un de ses agents, aux usines où cette recette sera opérée.

Les conduites forcées seront, après mise en place, soumises à des essais, en vue de constater qu'elles résistent sans déformations à la pression d'épreuve qui sera stipulée par le Cahier des Charges des marchés les concernant, et que leurs joints sont parfaitement étanches.

Les turbines, appareils de production et de transformation d'énergie électrique, etc., seront de même, une fois installés, l'objet d'essais ayant pour but d'établir que leurs différents organes sont en parfait état de fonctionnement et que les rendements accusés par les calculs justificatifs, produits en conformité de l'article 6 ci-dessus, sont bien effectivement réalisés.

Art. 10.

Canalisations, branchements, etc.

Les fils ou câbles employés, tant pour les canalisations des réseaux de haute ou basse tension que pour les branchements particuliers desservant les immeubles riverains devront, de même, satisfaire aux conditions de recette stipulées par les Cahiers des Charges des marchés les concernant, toujours avec droit, pour la Direction générale des Travaux publics, de se faire représenter aux usines productrices où la recette sera opérée.

Lesdits branchements et canalisations seront aériens et placés soit sur des poteaux en bois, soit sur des potelets ou consoles métalliques fixés aux façades des immeubles, le concessionnaire conservant néanmoins le droit de recourir, sur les points où il le jugerait convenable, à des canalisations souterraines, qui seraient alors placées directement dans le sol.

Le type des poteaux, potelets ou consoles de support à employer, devra être agréé au préalable par la Direction générale des Travaux publics, étant d'ailleurs expressément spécifié qu'il devra être tel que le caractère architectural et artistique des immeubles utilisés et l'aspect général des rues desservies ne puissent se trouver compromis.

Art. 11.

Lampes pour éclairage des voies publiques.

Les lampes pour éclairage des voies, rues et autres lieux de circulation publique, à installer dès l'origine de la concession, aux termes de l'article premier ci-dessus, seront à filament métallique ; il en sera de même des lampes nouvelles dont l'installation serait ultérieurement demandée aux mêmes fins par la Ville, sauf exercice de la faculté que réserve à celle-ci l'article 29 ci-après, de prescrire, moyennant l'application de tarifs nouveaux, l'emploi de lampes d'autres systèmes.

En tous cas, le type des lampes devra être, avant mise en place, soumis à l'administration municipale et à la Direction générale des Travaux publics, celles-ci pouvant subordonner leur acceptation à tous essais préalables qui leur paraîtraient utiles pour s'assurer du bon fonctionnement des appareils proposés.

Art. 12.

Précautions à prendre au cours de l'exécution des travaux à ciel ouvert.
Clôture et éclairage des chantiers, etc.

Au cours de l'exécution de ses travaux à ciel ouvert, le concessionnaire sera tenu de prendre toutes les précautions qui lui seront prescrites pour maintenir la circulation, en assurer la sécurité et réduire autant que possible les gênes et sujétions qu'elle aura à subir.

Il devra notamment :

Organiser ses chantiers de façon à ce que les fouilles qu'il serait amener à pratiquer sur les voies publiques ne restent jamais ouvertes sur une longueur supérieure à celle qui lui sera fixée dans chaque cas.

Limiter, conformément aux ordres à lui notifiés, l'étendue et la durée des dépôts, tant des terres provenant desdites fouilles que des matériaux et du matériel approvisionnés à pied d'œuvre, la saillie de ses échafaudages, etc.

Entourer de barrières et éclairer la nuit ceux de ses chantiers empiétant sur les voies publiques ou établis en bordure immédiate de celles-ci.

Il est expressément entendu que, faute par lui de se conformer aux prescriptions ci-dessus, la Direction générale des Travaux publics prendrait, d'office et sans autre avis, les mesures nécessaires à cet effet, en prélevant sur le cautionnement stipulé à l'article 4 de la Convention les sommes qu'elle aurait dépensées dans ce but.

Art. 13.

Précautions à prendre au cours de l'exécution des travaux en souterrain.

Le concessionnaire devra faire approuver par la Direction générale des Travaux publics le type des boisages et cintres à mettre en œuvre pour la construction du souterrain destiné à donner passage à la dérivation de l'Oued Bou Kherareb et les dispositions par lui prévues pour assurer l'évacuation des eaux rencontrées et la ventilation des chantiers. Il ne pourra se prévaloir d'une première approbation pour se refuser aux mesures (renforcement des boisages, augmentation de puissance des engins ventilateurs, ouvrages nouveaux pour l'écoulement des eaux) qui seraient à un moment quelconque jugés nécessaires par cette même Direction.

Il est d'ailleurs expressément spécifié qu'en aucun cas, l'intervention de celle-ci ne pourra avoir pour effet d'atténuer les responsabilités incombant au concessionnaire de par l'article 14 ci-après.

Art. 14.

Responsabilités du concessionnaire en cas de dommages occasionnés par les travaux à la Ville ou aux tiers.

Le concessionnaire sera seul responsable des dommages occasionnés à la Ville par ses travaux.

Il devra, en conséquence, assurer lui-même, ou payer le rétablissement ou la réparation des ouvrages ou engins municipaux, conduites diverses, bancs, candélabres, etc., qu'il aurait détruits ou détériorés.

Il sera également responsable des préjudices subis au cours de l'exécution de ses ouvrages par les tiers, le paiement des indemnités qui seraient reconnues être dues à ces derniers restant par suite à sa charge, sauf toutefois — pour le cas où les susdits préjudices résulteraient de travaux effectués à l'intérieur d'immeubles particuliers — application des dispositions de l'article 24 ci-après, qui définit les responsabilités des propriétaires des immeubles.

Art. 15.

Contrôle de l'exécution. — Réception et mise en service des ouvrages et installations.

Le concessionnaire sera tenu de laisser pénétrer sur ses chantiers ou dans ses ateliers les Agents de la Direction générale des Travaux publics chargés du contrôle, de par l'article 13 de la Convention de concession. Il devra leur fournir tous renseignements et explications utiles à l'accomplissement de leur mission, et se conformer aux ordres qui lui seraient adressés en vue d'assurer l'observation des articles 7 à 13 ci-dessus. Il devra notamment, s'il y avait lieu, apporter à ses ouvrages, engins et appareils, tous remaniements ou modifications qui lui seraient prescrits en vue de leur mise en état de réception, faute de quoi il serait mis en demeure de le faire par la Direction générale des Travaux publics.

Au cas où cette mise en demeure resterait sans effet, les mesures nécessaires seraient prises d'office et sans autre formalité, aux frais du concessionnaire, avec prélèvement sur le cautionnement stipulé à l'article 4 de la Convention des sommes dépensées dans ce but.

La réception des ouvrages, engins et appareils de la concession ne sera prononcée, et leur mise en service autorisée, que sur procès-verbal où devront être relatés, en ce qui concerne les conduites forcées, turbines, appareils de production et de transformation d'énergie, les résultats des essais mentionnés à l'article 9 ci-dessus.

Il est d'ailleurs entendu que les ouvrages d'un même groupe, et notamment ceux définis à l'article premier du présent Cahier des Charges, pourront faire l'objet d'autorisations de mise en service distinctes et successives, de façon à permettre leur exploitation dès qu'ils seront utilisables pour le service de la concession.

TITRE III

Exploitation de la concession.

Art. 16.

Entretien des ouvrages, engins et appareils.

Le concessionnaire sera tenu d'entretenir en parfait état :

Les barrages, déversoirs, dérivations à ciel ouvert ou en souterrain, etc., en procédant à tous curages et nettoyages nécessaires pour maintenir leur capacité de réception ou de débit et à tous rejointoiements et réfections d'enduits reconnus utiles pour leur conserver une complète étanchéité.

Les conduites forcées, en les relevant et en revisant leurs joints, partout où seront constatés des tassements ou des fuites et en remplaçant aussitôt les tuyaux disloqués ou avariés.

Les turbines et les engins de production ou transformation d'énergie, qu'il sera tenu de surveiller et réparer de façon à assurer leur fonctionnement sans diminution de leur rendement initial, et de renouveler quand ils seront arrivés à leur limite d'usure.

Et enfin, les canalisations, branchements, lampes destinées à l'éclairage des voies, rues et autres lieux de circulation publique qui devront être constamment entretenus, de façon que le service, tant de la Ville que des particuliers, reste assuré dans les mêmes conditions qu'au début.

Art. 17.

Prescriptions générales applicables aux travaux de réparation et d'entretien.

Sont applicables aux travaux de réparation et d'entretien, les prescriptions édictées pour les travaux de premier établissement :

Par les articles 12 et 13 ci-dessus : précautions à prendre au cours de l'exécution des travaux à ciel ouvert ou en souterrain.

Par l'article 14 : responsabilités du concessionnaire en cas de dommages occasionnés par les travaux à la Ville ou aux tiers.

Et enfin, par l'article 15, en ce qui concerne les conditions où s'exercera le contrôle et les mesures que la Direction générale des Travaux publics aura la faculté de prendre au cas de négligence du concessionnaire.

ART. 18.

Obligations générales du concessionnaire en matière de surveillance des ouvrages de la concession.

Le concessionnaire sera tenu de faire vérifier fréquemment, et journellement au besoin, le bon état des ouvrages de la concession. Il devra avoir un nombre d'Agents suffisant pour assurer, aux heures prescrites par l'article 26 du présent Cahier des Charges, l'allumage des lampes destinées à l'éclairage des voies, rues et autres lieux de circulation publique, et la visite, au moins une fois par nuit, de ces mêmes lampes.

Il devra, en outre, hors les dimanches et jours fériés, avoir dans ses bureaux, aux heures qui seraient déterminées par l'Administration municipale, un représentant dûment qualifié pour recevoir les demandes et réclamations, tant de la Ville que des particuliers, et leur donner la suite qu'elles comportent.

ART. 19.

Obligations du concessionnaire en matière d'installations destinées à l'éclairage des voies publiques.

En dehors des 1.200 lampes prévues à l'article premier du présent Cahier des Charges, le concessionnaire devra installer le long des canalisations existantes ou de celles dont l'établissement sera devenu exigible de par l'article 3 ci-dessus et aux points desdites canalisations désignées par la Ville, les lampes nouvelles qui lui seraient demandées pour l'éclairage des voies, rues et autres lieux de circulation publique.

Cette installation devra être réalisée dans un délai d'un mois courant à partir du jour de la demande, ou, si la fourniture des supports incombait à la Ville, de par l'article 29 ci-après, à partir du jour où lesdits supports seraient rendus à pied d'œuvre, au cas où des lampes nouvelles devraient être placées le long, soit d'une canalisation existante, soit d'une canalisation en cours d'exécution dont la mise en service devrait, aux termes de l'article 5 ci-dessus, être assurée avant l'expiration de ce délai.

Elle devrait l'être seulement au jour de la dite mise en service, si la date de celle-ci, telle qu'elle résulterait des prescriptions de l'article 5, était postérieure de plus d'un mois à la demande ou à la livraison des lampes.

ART. 20.

Obligations du concessionnaire en matière d'installations destinées à l'éclairage, soit des bâtiments des Services publics, soit du Camp.

Le concessionnaire devra établir, le long des diverses canalisations visées à l'article précédent et dans les délais stipulés au même article, les branchements et tous autres appareils qui lui seraient demandés, soit par la Ville pour l'éclairage des bâtiments affectés aux services publics, tels qu'ils sont définis à l'article 30 ci-après, soit par le Commandant de la région, pour l'éclairage des immeubles militaires et des camps mentionnés respectivement aux articles 30 et 31.

Il est entendu que la Ville, comme le Commandant de la région, n'auront l'obligation de recourir au concessionnaire que pour la fourniture et la pose de la partie de branchement les intéressant qui rentre dans la concession, autrement dit, celle comprise entre la canalisation publique et la boite du coupe-circuit principal et pour la pose et l'entretien des compteurs; qu'au contraire, les fourniture, pose et entretien de la partie de branchement, sise au delà de la boite de coupe-circuit principal, des colonnes montantes, des lampes et de leurs accessoires, seront, à leur choix, soit assurés par leurs soins directs, soit demandés au concessionnaire; qu'ils pourront également à leur gré, soit louer les compteurs au susdit concessionnaire, soit les acheter eux-mêmes.

Art. 21.

Forme générale des polices d'abonnement.

Chaque abonnement donnera lieu à une police qui devra être conforme à un modèle soumis par le concessionnaire à l'Administration municipale et arrêté, après avis de celle-ci, par la Direction générale des Travaux publics. Il est d'ores et déjà stipulé qu'au dos des susdites polices devront être reproduites les articles 22 à 24 du présent Cahier des Charges, visant les conditions dans lesquelles les abonnés particuliers seront desservis, et les articles 32 à 36, fixant les taxes, auxquels ils seront assujettis.

Art. 22.

Obligations du concessionnaire en matières d'installations destinées à l'éclairage privé.

Sur tout le parcours des canalisations visées aux articles 19 et 20, le concessionnaire sera tenu de fournir l'énergie électrique à tout particulier qui en fera la demande, en acceptant de se soumettre, en ce qui concerne la durée de l'abonnement et la redevance annuelle minima à laquelle il donnera lieu, aux clauses édictées par l'article 23 ci-après.

Les branchements et tous autres appareils destinés au service des abonnés, devront être établis dans les délais fixés à l'article 20 ci-dessus. Les dispositions de ce même article 20, en ce qui concerne la fourniture, pose et entretien à demander obligatoirement ou facultativement au concessionnaire s'appliqueront aux abonnements particuliers, à cela près cependant que c'est toujours par le concessionnaire que les lampes devront être fournies et posées, en cas d'éclairage à forfait.

Art. 23.

Durée des abonnements, redevance minima, faculté de résiliation.

Les abonnements devront être contractés pour la durée d'une année, ou d'un nombre entier d'années, avec les durées minima ci-après, savoir :

Pour l'éclairage (qu'il s'agisse d'abonnements à forfait ou au compteur), quand la puissance demandée ne dépassera pas 3 kilowatts : un an.

Quand cette puissance excédera 3 kilowatts : trois ans.

Pour les usages autres que l'éclairage, quelle que soit la puissance demandée : trois ans.

Les redevances annuelles minima, au versement desquelles les abonnés seront tenus en tout état de cause, pendant la durée de l'abonnement, alors même qu'ils n'auraient pas consommé la totalité de l'énergie à laquelle elles lui donneraient droit, sont fixées comme ci-après :

Pour les abonnés à l'éclairage, n'ayant pas demandé une puissance supérieure à 3 kilowatts, redevance représentant celle due par les tarifs forfaitaires stipulés à l'article 32 ci-dessous pour les lampes qu'ils auraient déclaré vouloir installer en contractant l'abonnement, s'il s'agit d'abonnements à forfait, et redevance correspondant d'après les mêmes tarifs à 15 lampes de 16 bougies, s'il s'agit d'abonnements au compteur.

Pour les abonnés à des usages autres que l'éclairage, redevance fixée dans chaque cas par la police d'abonnement.

Les abonnements partiront toujours des 1er janvier, 1er avril, 1er juillet ou 1er octobre de chaque année; toutefois, le service de l'abonné pourra être, à la demande de celui-ci, commencé à une époque intermédiaire, restant entendu que la période écoulée jusqu'à l'origine du trimestre suivant ne sera pas comprise dans la durée de l'abonnement, et n'entrera pas en ligne de compte pour l'application de la clause relative aux redevances minima ci-dessus.

Les abonnements cesseront de plein droit à l'expiration de la période pour laquelle ils ont été signés, sauf toutefois ceux d'une année, qui se continueront par tacite reconduction.

Ils ne seront pas résiliés par le seul fait de la vente de l'immeuble desservi ou du changement de domicile de l'intéressé, lequel restera responsable vis-à-vis du concessionnaire, sauf recours contre ses successeurs dans la propriété ou la jouissance de l'immeuble, si l'énergie fournie avait été utilisée par ceux-ci.

Par contre, la résiliation pourra intervenir à toute époque :

Soit à la demande de l'abonné, à charge par ce dernier d'effectuer immédiatement le versement des sommes dont il serait à ce moment redevable. Il est entendu que celles-ci ne seront autres que les redevances minima définies plus haut, pour la période comprise entre l'origine de l'année en cours et l'expiration de l'abonnement, avec addition des taxes accessoires prévues aux articles 33 et 34 ci-après, et sous déduction des sommes déjà payées au cours de l'année considérée,

Mention de la résiliation sera d'ailleurs portée sur le reçu délivré.

Soit sur l'initiative du concessionnaire en cas de manquement de l'abonné aux dispositions de l'article 24 ci-dessous et aussi au cas du défaut de paiement prévu à l'article 38.

Art. 24.

Obligations et droits respectifs du concessionnaire et de l'abonné, en matière de surveillance et utilisation des compteurs et installations intérieures.

Le concessionnaire aura le droit :

1° De plomber les compteurs, l'abonné ne pouvant toucher aux plombs, dont la rupture, par son fait, donnerait lieu à telles poursuites que de droit.

2° De procéder aussi souvent qu'il le jugera utile à la vérification de ces mêmes compteurs, cette même vérification ne pouvant par contre être refusée quand elle sera demandée par l'abonné, et étant alors poursuivie, au choix de ce dernier, soit par le concessionnaire lui-même, soit par un expert qui, à défaut d'accord entre les parties, serait désigné par le Directeur général des Travaux publics.

Étant spécifié, en outre, que les frais de l'opération seront supportés par la partie qui l'aura provoquée, quand l'écart constaté entre les quantités accusées par le compteur et celles réellement débitées sera, dans un sens ou dans l'autre, inférieur à 5 °/₀.

Par la partie ayant jusqu'alors bénéficié du susdit écart quand il sera supérieur à 5 °/₀.

3° De faire, avant leur mise en service et aussi souvent qu'il le jugera utile pendant la durée de l'abonnement, inspecter par un agent de son choix les installations intérieures, au cas où celles-ci auraient été établies sans son intervention par l'abonné, de s'assurer qu'ont été prises toutes les précautions nécessaires pour éviter, du fait desdites installations, des troubles quelconques dans l'exploitation de la concession, notamment pour prévenir les défauts d'isolement, la mise en marche ou l'arrêt brusque des moteurs électriques, et les déperditions exagérées d'énergie dans les branchements et colonnes montantes avant les compteurs, de surseoir à la fourniture du courant, tant que les conditions ci-dessus ne seront pas remplies, et de l'interrompre quand elles cesseraient de l'être.

Le tout, sous réserve de la faculté pour l'abonné, quand il jugera inutiles ou excessives les mesures à lui prescrites par le concessionnaire, d'en appeler au Directeur général des Travaux publics, dont la décision sera obligatoire pour les deux parties.

4° De faire, à tous moments, et toujours par des agents de son choix, constater le nombre de lampes installées par chaque abonné et de vérifier, en cas d'abonnement au compteur, que l'abonné ne cède pas à des tiers une partie du courant à lui fourni, avec faculté, s'il en était ainsi, non seulement de résilier l'abonnement en application de l'article 23 ci-dessus, mais aussi d'établir des comptes distincts pour les divers bénéficiaires des fournitures déjà faites en exigeant de chacun d'eux, le cas échéant, le paiement de la redevance minima correspondante à 15 lampes de 16 bougies qui est prévue à l'article 23 ci-dessus. Ne seraient pas toutefois considérés comme bénéficiaires distincts les locataires d'un même immeuble, pour lequel le propriétaire ou le locataire principal aurait déclaré contracter un abonnement unique.

Il est, en outre, spécifié que la responsabilité de l'abonné en matières de dommages causés à la Ville ou aux tiers sera substituée à celle du concessionnaire pour tous les travaux exécutés sans le concours de ce dernier.

Art. 25.

Nature et voltage du courant fourni. — Type des lampes à employer.

L'énergie sera produite sous forme de courant alternatif triphasé.

La tension du courant distribué aux abonnés ne devra, en aucun point du réseau de distribution, être inférieure à 105 volts, ni supérieure à 120 volts. La fréquence du courant devra être comprise entre 48 et 53 périodes par seconde.

Les lampes formant l'objet d'abonnements à forfait seront, comme celles destinées à l'éclairage des voies publiques, à filament métallique.

Celles soumises au régime du compteur pourront, au contraire, être de types quelconques, sauf faculté, pour le concessionnaire, de s'opposer, en vertu des droits que lui confère l'article 24 ci-dessus, à l'emploi de types susceptibles de nuire au bon fonctionnement de la concession.

Art. 26.

Heures de fonctionnement du Service. — Interruptions.

Les lampes destinées à l'éclairage des voies, rues et autres lieux de circulation publique devront toutes être allumées un quart d'heure au plus tard après le coucher du soleil, et éteintes au plus tôt un quart d'heure avant son lever, les susdites heures de lever et de coucher devant, d'ailleurs, être consignées dans un tableau qui sera dressé par le concessionnaire, et arrêté après vérification par le Directeur général des Travaux publics.

Pour le surplus des services de la concession, l'énergie électrique sera mise à la disposition des intéressés :

1° Pour l'éclairage au compteur, jour et nuit ;

2° Pour l'éclairage à forfait, depuis une demi-heure avant le coucher du soleil jusqu'à une demi-heure après son lever ;

3° Pour la force motrice, dans les conditions déterminées par les contrats particuliers.

Le concessionnaire pourra, si les besoins du service l'exigent, interrompre la distribution de l'énergie à un jour quelconque, entre midi et une heure et demie. Des interruptions, dont la durée ne devra pas, sauf exceptions spécialement autorisées, dépasser six heures, pourront avoir lieu le dimanche pour travaux de réparations, le concessionnaire étant tenu toutefois de les annoncer au public vingt-quatre heures à l'avance, et de prévenir en même temps les représentants des divers services publics.

ART. 27.

Pénalités, en cas d'interruptions non annoncées, ou de mauvais fonctionnement des services de la concession.

En cas d'interruptions (autres que celles autorisées de par l'article précédent) des services de la concession ou du mauvais fonctionnement de ces derniers, le concessionnaire, s'il ne pouvait démontrer que lesdits défauts de fonctionnement ou interruptions sont dus à des causes indépendantes de son fait, serait passible d'amendes qui seraient prononcées par l'Administration municipale, sauf appel à la Direction générale des Travaux publics, et fixées comme ci-après, savoir :

En cas d'interruption générale non justifiée du courant, amende de 20 francs par heure d'interruption.

En cas de manquement aux obligations imposées par les articles 18, 19, 20, 21, 25 et 26 du présent Cahier des Charges et par chaque infraction, amende de 10 francs par jour jusqu'à ce que l'infraction ait cessé.

Le tout, sans préjudice du paiement des dommages-intérêts dus aux tiers, qui resteraient exclusivement à la charge du concessionnaire.

ART. 28.

Contrôle de l'exploitation.

Les Agents de la Direction générale des Travaux publics exerceront le contrôle de l'exploitation dans les mêmes conditions que celui de la construction, le concessionnaire étant tenu de leur assurer les facilités stipulées pour ce dernier par l'article 15 ci-dessus, de faire droit à leurs observations et de prendre sans délai les mesures qu'ils croiraient devoir lui prescrire, en vue du bon fonctionnement de la concession.

TITRE IV

Taxes à percevoir par le concessionnaire. — Règlement de comptes.

ART. 29.

Tarifs maxima applicables à l'éclairage des voies, rues et autres lieux de circulation publique.

Il sera payé par la Ville au concessionnaire :

1° Pour les 1.200 lampes prévues à l'article premier du présent Cahier des Charges (1.150 lampes de 25 bougies, 30 de 50 bougies, 20 de 100 bougies) ou pour les lampes de puissance totale équivalente dont le susdit article autorise la substitution à celles-ci, une annuité forfaitaire de soixante mille francs (60.000 francs), et, pour chaque lampe dont elle prescrivait l'installation en sus de celles ci-dessus, une redevance calculée à raison de soixante-quinze francs (75 francs) par 25 bougies et par an, les lampes installées en cours d'année n'étant comptées dans ce calcul que pour la période comprise entre le premier jour du mois qui aura suivi leur mise en service et le 31 décembre.

Il est spécifié toutefois que les prix établis sur ces bases ne sont applicables qu'aux lampes à filament métallique, dont la puissance est comprise entre 25 et 100 bougies, et que des prix spéciaux seront fixés ultérieurement s'il est demandé des lampes de même type de moins de 25 ou de plus de 100 bougies, ou des lampes d'autres types, notamment des lampes à arc.

Ces prix comprennent, d'ailleurs, tous frais et fournitures d'installation et d'entretien desdites lampes et de leurs canalisations, supports et accessoires, aussi bien que les frais d'allumage et de fonctionnement, étant entendu néanmoins que, si la Ville prescrivait l'emploi de supports différents de ceux ordinairement admis pour les éclairages urbains, notamment de candélabres, elle devrait les fournir à pied d'œuvre au concessionnaire.

Art. 30.

Tarifs maxima applicables à l'éclairage des bâtiments des Services publics et de leurs dépendances.

Les Services publics, savoir : les Services civils de l'État, les Services municipaux de toute catégorie, et les Services militaires autres que ceux établis dans l'enceinte du camp, pourront toujours faire au compteur, même si le nombre des lampes installées dans l'un des bâtiments était inférieur au minimum de 15 qu'exige l'article 32 ci-dessous pour l'application des compteurs aux immeubles particuliers, l'éclairage des bâtiments de toute catégorie occupés par eux (écoles, hôpitaux, mairies, tribunaux, casernements, poste, bureaux de la Place et de la Région, l'énumération qui précède n'étant d'ailleurs nullement limitative) ; ces services bénéficieront alors d'une réduction de 20 % sur le tarif au compteur fixé à l'article 32 déjà visé, restant entendu que le tarif ainsi réduit comprendra seulement les éléments énumérés au même article, à l'exclusion des fournitures et mains-d'œuvre accessoires, faisant l'objet des taxes prévues aux articles 33 et 34.

Il est expressément spécifié que sont considérés comme faisant partie des bâtiments affectés aux Services publics leurs cours, attenances et dépendances, et les logements mis à la disposition des fonctionnaires et officiers quand ils seront installés à l'intérieur des susdits bâtiments, ou constitueront des annexes de ces derniers.

Art. 31.

Tarifs maxima applicables à l'éclairage des camps de Dar Debibagh et de Dar Mharès.

L'éclairage des camps de Dar Debibagh et de Dar Mharès et de toutes les annexes comprises dans leur enceinte sera fait au compteur au prix de soixante centimes (0 fr. 60 c.) le kilowatt-heure, le courant étant mesuré à l'entrée des camps, et le susdit prix de soixante centimes (0 fr. 60 c.) ne comprenant ici encore que les éléments énumérés comme rentrant dans le tarif au compteur à l'article 32 ci-dessous.

Il est expressément entendu que l'autorité militaire ne s'engage à prendre le courant à ce prix que pour une période de dix ans à compter de l'origine de la concession, et qu'elle pourra, à l'expiration de ce délai, soit renouveler le contrat, soit s'éclairer par ses propres moyens, et, pour ce faire, établir au-dessus ou au-dessous des voies publiques, par dérogation au monopole que réserve au concessionnaire l'article 7 de la Convention de concession, les canalisations destinées à relier les deux camps. Il est toutefois expressément entendu que ces canalisations devront être uniquement employées à l'éclairage des susdits camps et de leurs annexes immédiates, et qu'elles ne pourront être utilisées pour aucun autre usage, fût-ce pour l'éclairage des bâtiments militaires non compris dans les camps.

Art. 32.

Tarifs maxima applicables à l'énergie fournie à des particuliers, soit pour l'éclairage, soit pour d'autres usages.

L'énergie électrique destinée à l'éclairage pourra être vendue aux particuliers, soit au compteur, soit à forfait.

En cas de vente au compteur, elle sera payée à raison de un franc dix centimes (1 fr. 10 c.) le kilowatt-heure.

En cas de vente à forfait, les prix mensuels par lampe seront, selon la puissance de celles-ci, ceux indiqués au tableau ci-après :

Nombre de bougies.	Prix mensuel.
10	2 50
16	3 50
25	5 25
50	10 »
75	15 »
100	20 »

Sous réserve que, pour le mois où les lampes auront été mises en service, il sera payé seulement une fraction des susdits prix, calculée d'après le temps écoulé entre la mise en service et le premier jour du mois suivant.

Il est entendu :

Que l'éclairage à forfait sera obligatoire quand le nombre de lampes demandées restera inférieur à 15, et que la puissance totale desdites lampes n'atteindra pas 240 bougies ;

Que l'abonné, ayant demandé 15 lampes ou plus avec puissance égale ou supérieure à 240 bougies, pourra opter entre l'éclairage à forfait et l'éclairage au compteur, mais en s'engageant, dans ce dernier cas, à payer en tout état de cause, et lors même qu'elle dépasserait la somme résultant de l'application du tarif au compteur à l'énergie consommée pendant chaque trimestre, une redevance trimestrielle représentant le triple de la redevance mensuelle à laquelle eussent donné lieu 15 lampes forfaitaires de 16 bougies.

L'énergie destinée à tous usages autres que l'éclairage sera vendue :

Quand la puissance demandée sera de 1 kilowatt au moins par appareil, avec utilisation garantie de deux mille heures par an au minimum, à raison de quarante centimes (0 fr. 40 c.) le kilowatt-heure.

Dans tous les autres cas, à raison de 60 centimes (0 fr. 60 c.) le kilowatt-heure.

Ces prix comprennent, qu'il s'agisse de vente au compteur ou de vente à forfait, la fourniture et l'entretien des branchements compris dans la concession, savoir, ceux destinés à amener le courant de la canalisation publique à la boite du coupe-circuit principal, sous réserve du paiement par les abonnés, à titre de contribution aux frais de premier établissement de ces branchements, des taxes fixées à l'article 33 ci-après.

Ils ne comprennent pas la fourniture, l'installation et l'entretien des appareils étrangers à la concession (branchements sis au delà de la boite du coupe-circuit principal, colonnes montantes, lampes et accessoires) qui, s'ils sont demandés au concessionnaire, seront réglés dans les conditions stipulées au même article 33.

Enfin, ils ne comprennent pas non plus, pour la vente au compteur, la fourniture ou la location, l'installation et l'entretien des compteurs qui, suivant qu'ils seront seulement installés et entretenus par le concessionnaire, ou en même temps loués par lui, donneront lieu à la perception de l'une ou l'autre des deux séries de taxes prévues à l'article 34.

Art. 33.

Taxes accessoires pour contribution aux branchements compris dans la concession et pour établissement des appareils étrangers à la concession.

Il sera perçu par le concessionnaire, à titre de contribution des intéressés à l'établissement de la partie de branchements comprise dans la concession :

1° Pour les branchements aériens, des sommes calculées à raison de, savoir :

Jusqu'à 5.000 watts. . . . . Fr.	3 »	par mètre de branchement.
De 5.001 à 10.000 watts	3 50	—
Au-dessus de 10.000 watts.	4 »	—

2° Pour les branchements souterrains, jusqu'à 5.000 watts, une somme fixe de cent quatre-vingts francs (180 francs), plus quinze francs (15 francs) par mètre en sus de 5 mètres. Pour les branchements de plus de 5.000 watts, le montant de la contribution sera débattu dans chaque cas ;

3° Pour la fourniture et la pose des supports auxiliaires, une somme représentant la dépense réelle, majorée de 15 %.

La fourniture, la pose et l'entretien des appareils de tout genre, autres que les compteurs étrangers à la concession, s'il est recouru au concessionnaire pour les assurer, étant d'ailleurs rappelé que, pour les lampes, ce recours est obligatoire en cas d'éclairage à forfait, seront faits aux prix figurant à un tableau qui sera soumis par le susdit concessionnaire à l'Administration municipale, et homologué, après avis de celle-ci, par la Direction générale des Travaux publics.

Art. 34.

Taxes accessoires pour location, pose et entretien des compteurs.

Si le compteur est fourni par l'abonné, le concessionnaire percevra, à titre de frais de pose, une somme de trois francs (3 francs), et, à titre de frais d'entretien, une somme mensuelle de :

Pour un compteur	de moins de 1.000 watts. . . . . Fr.	1 »
—	de 1.001 à 5.000 watts.	1 50
—	de 5.001 à 10.000 watts	2 »
—	de plus de 10.000 watts.	3 »

Si le compteur est fourni par le concessionnaire, celui-ci percevra, à titre de frais de pose, une somme de trois francs (3 francs), et, à titre de frais de location et d'entretien, une somme mensuelle de :

Pour un compteur	de moins de 1.000 watts . . . . Fr.	2 »
—	de 1.001 à 3.000 watts	3 »
—	de 3.001 à 5.000 watts	4 »
—	de 5.001 à 10.000 watts.	5 »
—	de plus de 10.000 watts.	8 »

Art. 35.

Abaissement des tarifs suivant la progression des recettes.

Lorsque les recettes brutes de la concession, telles qu'elles sont définies sous la lettre *e* à l'article 16 de la Convention, à la seule exception de celles provenant des taxes accessoires prévues aux articles 33 et 34 ci-dessus, atteindront les chiffres figurant à la première colonne du tableau ci-dessous, l'annuité à payer par la Ville pour l'éclairage des routes, rues, etc., sera diminuée des sommes portées à la colonne 2 de ce même tableau, et les tarifs maxima, fixés à l'article 32 pour la fourniture aux particuliers d'énergie destinée à l'éclairage et tous autres usages, seront réduits dans les proportions indiquées à la colonne 3. Il demeure d'ailleurs entendu :

1° Que la bonification de 20 % dont bénéficie l'éclairage des bâtiments des Services publics, aux termes de l'article 30, s'appliquera aux tarifs ainsi réduits :

2° Que le prix de soixante centimes (0 fr. 60 c.) par kilowatt-heure consenti pour l'éclairage du camp ne sera pas réduit, tant que celui payé pour l'éclairage des bâtiments susvisés sera supérieur à ce chiffre, mais qu'il ne pourra, en aucun cas, dépasser ce dernier, autrement dit, qu'il lui sera égal, du jour où celui-ci, par le jeu des abaissements ci-dessous stipulés, sera tombé au-dessous de 0,60 ;

3° Enfin, que continueront à être payées intégralement par tous les intéressés sans exception, les taxes accessoires prévues aux articles 33 et 34.

Les réductions successives figurant dans chacune des colonnes 2 et 3 du tableau s'entendent à partir du prix d'origine et ne s'additionnent pas.

1 — Chiffres atteints par la recette brute annuelle. — Francs.	2 — Réduction de l'annuité payée par la Ville pour l'éclairage public. — Francs.	3 — Réduction des tarifs maxima de l'éclairage particulier. — Francs.
200.000 »	2.000 »	»
255.000 »	5.000 »	»
300.000 »	8.000 »	5 %
350.000 »	11.000 »	7 %
400.000 »	15.000 »	10 %
450.000 »	20.000 »	15 %
500.000 »	25.000 »	20 %
550.000 »	30.000 »	25 %
600.000 »	35.000 »	30 %
700.000 »	50.000 »	35 %
800.000 »	65.000 »	40 %

Quand les recettes brutes dépasseront huit cent mille francs (800.000 francs) l'excédent sera réparti entre la Ville et le concessionnaire, à raison de 20 % pour la première et 80 % pour le second.

En vue de l'application des dispositions ci-dessus, le concessionnaire devra, avant le 31 janvier de chaque année, faire connaître à l'Administration municipale, avec toutes les pièces justificatives à l'appui, la recette brute de l'année précédente ; c'est d'après le chiffre de cette recette que seront fixées les réductions dont bénéficieront, pour l'année courante, la Ville et les particuliers, ces dernières étant portées par voie d'affiches, par les soins de l'autorité municipale, à la connaissance des intéressés.

Art. 36.

Tarifs spéciaux.

Si le concessionnaire abaisse, pour certains abonnés, soit sans conditions, soit moyennant acceptation par eux de certaines conditions spéciales (minimum de puissance utilisée, minimum de consommation totale, heures déterminées pour ladite consommation, durée minima de l'abonnement, etc.), les prix de vente de l'énergie destinée soit à l'éclairage, soit à tous autres usages, au-dessous des tarifs maxima fixés à l'article 32, il sera tenu d'accorder ces mêmes réductions à tous ceux qui se trouveraient dans la même situation que les premiers bénéficiaires ou consentiraient à s'y placer.

A cet effet, il devra établir et tenir constamment à jour un relevé de tous les abaissements consentis, avec mention des conditions auxquelles ils sont subordonnés. Un exemplaire de ce relevé sera déposé dans chacun des bureaux où peuvent être contractés les abonnements et tenu constamment à la disposition du public et des agents du contrôle.

Art. 37.

Règlement de comptes entre la Ville et l'autorité militaire d'une part, et le concessionnaire d'autre part.

Le règlement des redevances dues au concessionnaire par la Ville, étant entendu que seront portées au compte de ladite Ville, sauf à celle-ci à demander à l'État le remboursement des dépenses lui incombant, les sommes dues pour l'éclairage de tous les bâtiments affectés aux Services publics autres que les bâtiments militaires, sera effectué à l'expiration de chaque trimestre, savoir aux 1er janvier, 1er avril, 1er juillet et 1er octobre de chaque année.

En vue des susdits règlements, le concessionnaire devra communiquer aux Agents de l'Administration municipale et de la Direction générale des Travaux publics, à charge par ceux-ci de le prévenir au moins cinq jours à l'avance du jour où cette communication sera demandée, le relevé pour le trimestre, d'une part, des lampes ayant fonctionné pour l'éclairage des voies, rues et autres lieux de circulation publique, avec la date de leur mise en service, si celle-ci n'a été opérée qu'au cours du trimestre, d'autre part, des quantités d'énergie débitées par les compteurs des bâtiments des Services publics. Il devra tenir également à leur disposition les pièces et documents nécessaires à la vérification desdits relevés.

Au compte de chaque trimestre figureront :

1° Le quart de la redevance forfaitaire stipulée à l'article 29 pour les 1.200 lampes visées à l'article premier;

2° Les redevances dues pour les lampes ayant, en sus des 1.200 premières, fonctionné pour l'éclairage des voies publiques, lesdites redevances étant, pour celles mises en service avant l'origine du trimestre, le quart de la redevance annuelle fixée à l'article 29 déjà visé, et, pour celles installées postérieurement à cette origine, calculées suivant la règle que spécifie le même article;

3° Les sommes que représentent, d'après les tarifs en vigueur tels qu'ils résulteront pour l'année en cours de l'application des articles 30, 32 et 33, l'énergie débitée par les compteurs des bâtiments publics;

4° Et, enfin, le montant des taxes accessoires à payer par la Ville, en vertu des articles 33 et 34.

Par contre, on déduira, de chacun des comptes ainsi établis, le quart de la réduction à laquelle la Ville aurait droit pour l'année en cours en vertu de l'article 35, et le montant des pénalités que le concessionnaire aurait encourues au cours du trimestre par application de l'article 27.

Les comptes trimestriels, au sujet desquels l'accord se sera établi, entre les Agents de l'Administration municipale et la Direction générale des Travaux publics, d'une part, et le concessionnaire, d'autre part, seront approuvés par le Président de la Municipalité et rendus ainsi définitifs; dans le cas contraire, les comptes seront arrêtés par ce même Président, mais à titre provisoire seulement, et jusqu'au moment où aura statué, au sujet du litige, la juridiction arbitrale qui devra en être saisie conformément à l'article 48 du présent Cahier des Charges.

Le montant du compte, définitif ou provisoire, devra être payé au concessionnaire avant le dernier jour du trimestre suivant celui qui aura fait l'objet du règlement, faute de quoi il porterait au profit du susdit concessionnaire, des intérêts simples calculés à raison de 5 °/₀ (cinq pour cent) l'an.

Les suppléments que la Ville aurait à verser, à la suite de la décision de la juridiction arbitrale, porteraient, à partir de la même date, des intérêts calculés au même taux.

Le règlement des redevances dues pour l'éclairage des camps et des bâtiments militaires sera effectué aux mêmes époques que celui des redevances urbaines, étant entendu :

Qu'au compte de chaque trimestre figureront les sommes à payer pour les quantités d'énergie débitées par les compteurs, lesdites sommes étant calculées, pour les camps, d'après le tarif fixé à l'artible 31, et, pour les bâtiments, d'après les tarifs en vigueur, tels qu'ils résulteront pour l'année en cours de l'application des articles 30, 31 et 35; qu'y seront portés, en outre, les montants des taxes accessoires dues en vertu des articles 33 et 34.

Que s'appliqueront intégralement les prescriptions édictées au présent article pour le règlement des redevances urbaines, en ce qui concerne la communication et la vérification des relevés de compteurs et toutes pièces à l'appui de ces derniers, l'approbation définitive ou provisoire des comptes, les dates de paiement des sommes auxquelles ils auront été arrêtés, et les intérêts à servir au concessionnaire en cas de retard dans ledit paiement, à cela près que les officiers désignés par le Général commandant la Région remplaceront les Agents de l'Administration municipale et la Direction générale des Travaux publics, et que le Général commandant la Région sera substitué au Président de la Municipalité et au Directeur général des Travaux publics.

Art. 38.

Règlement de comptes entre le concessionnaire et les abonnés.

L'abonné devra, dès le jour de la signature de sa police, déposer entre les mains du concessionnaire une provision représentant la moitié de la redevance minima à laquelle il est astreint de par l'article 23 du présent Cahier des Charges.

Les comptes seront réglés entre le concessionnaire et l'abonné à l'expiration de chaque trimestre. A cet effet, on relèvera le nombre de lampes fonctionnant chez l'abonné, avec la date de mise en service de celles qui auraient été installées seulement au cours du trimestre, s'il s'agit d'un abonnement à forfait, et la quantité d'énergie débitée, s'il s'agit d'un abonnement au compteur.

On fera figurer, au compte de chaque trimestre, les sommes dues, tant pour l'énergie fournie au compteur que pour les lampes à forfait, d'après les tarifs en vigueur pour l'année en cours, tels qu'ils résulteront de l'application des articles 32 et 35.

Seront portés, en outre :

Au compte du premier trimestre de l'abonnement, le montant des taxes de contribution à l'établissement de la partie de branchements comprise dans la concession, telles qu'elles sont fixées à l'article 33, la taxe de pose et entretien pendant un an du compteur, et, s'il y a lieu, la taxe de location pendant un an de ce même compteur, telles qu'elles sont indiquées à l'article 34, et enfin les taxes pour pose, fourniture et entretien pendant un an des appareils intérieurs, colonnes montantes, lampes, etc., demandés au concessionnaire par l'abonné, telles qu'elles figureront au tableau visé au susdit article 33.

Au compte du premier trimestre de chacune des années suivantes, le montant des taxes de location et d'entretien dues pour l'année entière par l'abonné des divers chefs qui précèdent.

Et, enfin, au compte de chacun des trimestres intermédiaires, le prix des appareils nouveaux fournis par le concessionnaire au cours du trimestre et la taxe d'entretien desdits appareils jusqu'à la fin de l'année.

Les sommes dues ainsi par l'abonné pourront être prélevées sur la provision dont il est parlé ci-dessus, mais seulement jusqu'à concurrence de la moitié de ladite provision. Le surplus devra être versé au concessionnaire dans un délai de huit jours à compter de la notification de l'avis qui sera, à cette fin, adressé à l'abonné.

Faute par celui-ci de satisfaire à cette obligation, le service de l'abonnement serait immédiatement suspendu et la police résiliée de plein droit, les sommes restées dues étant alors prélevées sur la partie conservée de la provision.

Les paiements seront faits dans les bureaux du concessionnaire, ils seront constatés par des quittances détachées d'un registre à souches.

Le solde resté disponible sur la provision sera reversé à l'abonné lors de l'expiration de sa police ou de sa résiliation.

Art. 39.

Règlement des comptes de premier établissement et d'exploitation.

Les comptes de premier établissement et d'exploitation visés aux articles 15 et 16 de la Convention de concession devront être, pour chaque année, adressés par le concessionnaire à la Direction générale des Travaux publics avant le 31 mars de l'année suivante.

La Direction générale des Travaux publics fera procéder à leur vérification, le concessionnaire ne pouvant refuser aux Agents qu'elle aura délégués à cet effet, communication d'aucun des registres, pièces comptables, correspondances et documents divers qu'ils jugeraient utiles à l'accomplissement de leur mission.

Les comptes, après la susdite vérification, seront définitivement arrêtés par le Président de la Municipalité, si l'accord s'est établi à leur sujet. Dans le cas contraire, ils le seront suivant les chiffres indiqués par les Agents de la Direction générale des Travaux publics, mais seulement à titre provisoire et jusqu'au moment où aura statué souverainement à leur sujet la juridiction arbitrale déjà mentionnée à l'article 37.

TITRE V

Durée, expiration, déchéance et rachat de la concession.

Art. 40.

Durée de la concession.

La concession commencera à courir du jour où l'approbation par le Résident général de la convention y relative aura été notifiée au concessionnaire; elle prendra fin le 31 décembre 1964.

Art. 41.

Expiration de la concession.

A l'expiration de la concession et par le seul fait de cette expiration, la Ville de Fez se trouvera subrogée à tous les droits du concessionnaire sur tous les ouvrages, engins et appareils de la concession, autres que ceux dont la Ville aurait réclamé l'établissement pendant les quinze dernières années de la concession par application de la faculté que lui réserve l'article 2 du présent Cahier des Charges.

Lesdits ouvrages, engins et appareils devront être remis à la Ville en parfait état d'entretien. En vue d'assurer l'exécution de cette clause, la Direction générale des Travaux publics, agissant au nom et pour le compte de la Ville de Fez, procédera, un an avant l'expiration de la concession, à une reconnaissance générale desdits ouvrages, engins et appareils, après laquelle elle déterminera, s'il y a lieu, les travaux à faire en vue de leur mise en état, et le délai dans lequel ces travaux devront être exécutés par le concessionnaire.

Au cas où celui-ci n'aurait pas, à l'expiration de ce délai, satisfait à cette obligation, il y sera pourvu d'office et à ses frais, la Ville de Fez pouvant, pour se couvrir des dépenses engagées à cette fin, saisir les produits de l'exploitation ou de la concession et, en cas d'insuffisance de ceux-ci, prélever le surplus sur le cautionnement déposé, soit à la Banque d'État du Maroc, soit à la Caisse des Dépôts et Consignations à Paris, par application de l'article 4 de la Convention.

Les ouvrages, engins et appareils établis à la demande de la Ville pendant les quinze dernières années de la concession, seront payés au concessionnaire au prix pour lequel ils figureront au compte de premier établissement prévu à l'article 15 de la Convention de concession, sauf déduction pour chacun d'eux de 1/15 (un quinzième) du susdit prix pour chaque année écoulée depuis leur mise en service.

La Ville de Fez sera tenue de reprendre, si le concessionnaire le requiert, les approvisionnements de charbon, huile et autres matériaux consommables existants au moment de l'expiration de la concession, sans toutefois que les quantités ainsi reprises puissent dépasser celles nécessaires à l'exploitation de ladite concession pendant six mois; de même, le concessionnaire ne pourra se refuser à cette cession si elle est demandée par la Ville.

Sera obligatoire de même, si elle est réclamée par l'une ou l'autre des deux parties, la reprise des compteurs, branchements intérieurs, colonnes montantes, lampes et accessoires qui auraient été loués par le concessionnaire aux abonnés, le prix de reprise étant le prix de vente résultant des factures à produire par le concessionnaire, diminué, pour chaque appareil, par année écoulée depuis son installation, de 1/20 (un vingtième) pour les compteurs, 1/5 (un cinquième) pour les lampes et 1/10 (un dixième) pour les branchements intérieurs, colonnes montantes et tous autres appareils.

Les sommes dues, tant pour les ouvrages exceptés de la remise gratuite, que pour les approvisionnements et objets repris comme il est dit ci-dessus, seront payées au concessionnaire dans les trois mois qui suivront l'expiration de la concession.

Le solde du fonds de renouvellement visé à l'article 16 de la Convention restera acquis au concessionnaire, étant entendu qu'en revanche, celui-ci n'aurait aucune revendication à exercer au cas où le susdit fonds n'aurait pas suffi à couvrir toutes les dépenses en vue desquelles il a été constitué et où il aurait dû faire face à ces dépenses sur ces ressources propres.

Art. 42.

Déchéance de la concession.

S'il y avait lieu à déchéance, par application des dispositions de l'article 17 de la Convention, il serait procédé dans les formes ci-après :

La déchéance sera prononcée par un arrêté du Président de la Municipalité, agissant au nom et pour le compte de la Ville de Fez, ledit arrêté devant être homologué par le Grand Vizir et approuvé par le Commissaire résident général de la République française au Maroc.

Il sera alors procédé à une adjudication, tant des ouvrages déjà établis en tout ou partie par le concessionnaire, que des engins ou appareils qu'il aurait installés ou amenés à pied d'œuvre et des matériaux qu'il aurait approvisionnés. Les dates et conditions de cette adjudication, notamment la mise à prix sur laquelle elle aura lieu, seront fixées par l'arrêt de déchéance ci-dessus.

Le prix de l'adjudication sera versé au concessionnaire qui se trouvera, de ce fait, définitivement évincé, l'adjudicataire lui étant substitué dans l'exercice de tous les droits et obligations résultant de la Convention de concession et du présent Cahier des Charges.

Si l'adjudication ainsi tentée était infructueuse, il serait, trois mois après, procédé à un nouvel essai, cette seconde adjudication étant poursuivie dans les mêmes formes et conditions que la première, à cela près que seraient acceptées, cette fois, les soumissions inférieures à la mise à prix.

Si cette seconde tentative restait également sans résultat, la Ville de Fez entrerait, *ipso facto*, en possession de tous les ouvrages déjà établis, de tous les engins et appareils installés ou amenés à pied d'œuvre et de tous les matériaux approvisionnés, sans que le concessionnaire pût prétendre à un dédommagement ou à une indemnité quelconque.

Enfin, le solde du fonds de renouvellement sera acquis à la Ville.

Art. 43.

Rachat de la concession.

Si le rachat était décidé par la Ville de Fez, en vertu de la faculté que lui réserve l'article 18 de la Convention de concession, le mode de calcul et de règlement des sommes dues au concessionnaire varierait suivant l'époque du rachat, comme il est dit ci-après :

a) Si le rachat intervient seulement après l'expiration d'une période de quinze ans, comptée à partir du 1er janvier qui aura suivi l'origine de la concession, le concessionnaire recevra :

1° Pour chacune des années restant à courir jusqu'à l'expiration de la concession, une annuité égale au produit net moyen de l'exploitation pendant les sept années ayant immédiatement précédé le rachat, déduction faite des deux plus mauvaises.

Étant d'ailleurs entendu :

Que pour le calcul du produit net de chaque année, on retranchera des recettes portées au compte d'exploitation de ladite année, telles qu'elles sont définies à l'article 16 de la Convention, les dépenses d'entretien et de réparation de tous les ouvrages de la concession, d'entretien et de renouvellement du petit matériel, etc., et, sans aucune exception, toutes les dépenses figurant sous la lettre *a* à l'article 16 de la Convention susvisée, avec la majoration de 10 % pour frais de direction et d'administration tant centrale que locale, ainsi que le prélèvement pour le fonds de renouvellement prévu sous la lettre *d*; mais qu'on n'en retranchera pas les dépenses correspondant aux charges d'intérêt et d'amortissement du capital de premier établissement, autrement dit celles qui figurent sous les lettres *b* et *c* au même article 16;

Que, dans aucun cas, le montant de l'annuité ne sera inférieur au produit net de l'année immédiatement antérieure à celle du rachat.

2° Une somme égale à la valeur, telle qu'elle ressortirait du compte de premier établissement prévu à l'article 15 de la convention, des ouvrages de la concession qui auront été régulièrement exécutés pendant les quinze années précédant le jour du rachat, sauf déduction pour chacun de ces ouvrages, de 1/15 (un quinzième) de ladite valeur pour chaque année écoulée depuis sa mise en service.

Les annuités dues au concessionnaire lui seront payées chacune au 31 décembre de l'année qu'elle concerne. Quant à la somme due en vertu du paragraphe 2 ci-dessus, elle sera versée en une seule fois à l'expiration d'un délai de trois mois, compté à partir du jour du rachat.

b) Si le rachat intervient avant l'expiration d'une période de quinze ans comptée à partir du 1er janvier qui aura suivi l'origine de la concession, la somme due au concessionnaire sera, au choix de ce dernier, calculée et réglée soit comme il vient d'être expliqué sous la rubrique *a*, soit comme il est dit ci-après, en y comprenant :

1° Le capital de premier établissement, tel qu'il ressortira du compte y relatif visé à l'article 15 de la Convention de concession, le susdit compte étant arrêté au jour du rachat, sauf toutefois déduction de l'amortissement correspondant aux annuités prélevées antérieurement en vertu de l'article 16, lettre *c* de la Convention, sur le compte d'exploitation ;

2° Les insuffisances d'exploitation accusées par les comptes annuels d'exploitation concernant les exercices antérieurs à celui du rachat, si le nombre des susdits comptes est égal ou inférieur à 7, et par les sept premiers de ces comptes, s'étendant à une année entière, si leur nombre dépasse 7.

Il est entendu que ces insuffisances seront représentées par le solde négatif du compte d'exploitation, tel qu'il est défini à l'article 16 de la Convention.

La Ville de Fez pourra, à son choix, se libérer vis-à-vis du concessionnaire :

Soit par un seul versement effectué à l'expiration d'un délai de trois mois, compté à partir du jour du rachat.

Soit par trois ou cinq versements, le premier de ceux-ci étant effectué à la date sus-indiquée, et les autres se succédant à intervalles réguliers d'un an. Le premier de ces versements représenterait alors le 1/3 (tiers) ou le 1/5 (cinquième) de la somme due, et chacun des autres, le 1/3 ou le 1/5 de cette même somme avec addition des intérêts simples des sommes non versées antérieurement, lesdits intérêts étant calculés à un taux de 5 °/₀ l'an.

Il est en outre spécifié que, quelles que soient l'époque et les modalités du rachat :

1° Les sommes non versées au concessionnaire aux dates d'échéance fixées ci-dessus, porteront à son profit, à partir desdites dates, des intérêts calculés au taux de 5 °/₀ (cinq pour cent) l'an ;

2° La Ville sera tenue de se substituer au concessionnaire pour l'exécution des engagements pris par lui en vue d'assurer la marche normale de l'exploitation ;

3° Et enfin, il sera fait application des dispositions édictées par l'article 41 ci-dessus, pour régir à l'expiration de la concession :

L'attribution du solde du fonds de renouvellement.

La mise en parfait état des ouvrages, engins et appareils, que la Ville de Fez pourra réclamer et poursuivre dans les formes indiquées à l'article susvisé pendant le délai qui séparera l'avis de rachat par elle donné au concessionnaire du rachat lui-même.

Et d'autre part, la reprise des approvisionnements d'essence et autres matériaux consommables et des compteurs ou autres appareils livrés par le concessionnaire aux abonnés.

TITRE VI

Conditions générales et diverses.

Art. 44.

Siège social. — Représentant de la Société concessionnaire.

La Société concessionnaire pourra avoir son Siège social à Paris ou à Fez, mais, en tout état de cause, elle devra avoir à Fez un représentant muni des pouvoirs nécessaires pour discuter et résoudre avec la Ville et avec la Direction générale des Travaux publics toutes les questions que soulèverait l'exercice de la concession qui fait l'objet du présent Cahier des charges.

Il est entendu, en outre :

Que seront reproduits sur les avis d'émissions d'obligations et au dos des titres obligataires, les principaux articles de la Convention, notamment les articles 1, 9, 15, 16 et 18, et les articles 40 et 43 du présent Cahier des Charges.

Art. 45.

Agents du concessionnaire.

Les agents et gardes que le concessionnaire aurait fait assermenter pour la surveillance et la police des ouvrages de la concession seront porteurs d'un signe distinctif et seront munis d'un titre constatant leurs fonctions.

Art. 46.

Impôts, droits de douane et d'octroi.

Tous les impôts établis ou à établir par l'État, hors ceux qui frapperaient la production et la distribution de l'énergie électrique, et notamment les impôts relatifs aux immeubles de la production et de la distribution, seront à la charge du concessionnaire.

Il est expressément spécifié qu'il en est de même des droits de douane.

Dans le cas où viendraient à être établis, soit par l'État chérifien des impôts de nature quelconque sur la production et la distribution de l'énergie, soit par la Ville des droits d'octroi ou taxes locales frappant les matières employées à l'établissement des ouvrages de la concession ou au fonctionnement de celle-ci, le concessionnaire aurait le droit de réclamer à l'Administration municipale le versement, à titre de subvention, de sommes égales à celles qui auraient été mises à sa charge de ces divers chefs.

Art. 47.

Remboursement du cautionnement.

Le cautionnement de cent mille francs (100.000 francs) dont le versement est stipulé par l'article 4 de la Convention de concession, sera remboursé à la Société, savoir trente-cinq mille francs (35.000 francs) après réception et mise en service des ouvrages définis à l'article premier du présent Cahier des Charges.

Trente-cinq mille francs (35.000 francs) après réception et mise en service des ouvrages définis à l'article 2 de ce même Cahier, pour l'aménagement des chutes de l'oued Bou Kherareb ou, s'il était renoncé à cet aménagement, à l'expiration d'un délai de huit ans, compté à partir de l'origine de la concession, à la condition qu'à ce moment le concessionnaire eût mis en état de service des ouvrages capables de fournir les quantités d'énergie spécifiées à l'article 3.

Et enfin le solde de trente mille francs (30.000 francs), sauf déduction, s'il y a lieu, des sommes prélevées pour la remise en état des ouvrages dans les conditions indiquées aux articles 41 et 43 ci-dessus, lors de l'expiration ou du rachat de la concession.

Étant d'ailleurs entendu qu'en cas de déchéance, la partie du cautionnement non remboursée au jour où la déchéance serait prononcée resterait acquise de plein droit à la Ville de Fez.

Art. 48.

Règlement des litiges survenus entre la Ville de Fez ou l'autorité militaire d'une part, et le concessionnaire d'autre part.

Tous les litiges qui pourraient survenir entre la Ville de Fez ou l'autorité militaire d'une part, et le concessionnaire d'autre part, à l'occasion de la concession qui fait l'objet du présent Cahier des Charges, seront résolus par voie d'arbitrage.

A cet effet, il sera nommé deux arbitres, un pour chacune des deux parties; au cas où ces deux arbitres ne pourraient se mettre d'accord sur la sentence à rendre, il serait nommé un troisième arbitre, dont la décision ferait loi sans recours possible.

Ce troisième arbitre sera désigné par les deux premiers, ou, à défaut d'entente entre eux pour cette désignation, par le Président de la Section du Contentieux du Conseil d'Etat de France.

Art. 49.

Règlement des litiges survenus entre le concessionnaire et les Sociétés ou particuliers auxquels il serait lié par des traités.

Les litiges survenus entre le concessionnaire et les tiers, Sociétés et particuliers, auxquels il serait lié par des traités, seront réglés dans les mêmes formes que les précédents, à cela près cependant que la désignation du tiers arbitre ne sera opérée par le Président de la Section du Contentieux que lorsque la contestation portera sur une somme supérieure à cinq mille francs (5.000 francs), et qu'elle le sera par le Président de la Cour d'appel de Rabat dans le cas contraire.

Une clause rendant cet arbitrage obligatoire pour les deux parties devra être insérée dans tous les traités signés par le concessionnaire, et notamment dans les contrats d'adjudications ou de marchés de gré à gré à intervenir pour l'exécution des travaux, ainsi que dans les polices d'abonnement.

Lu et approuvé :
Paris, le 24 juillet 1914,
Paul JORDAN.

Vu pour approbation :
Rabat, le 24 octobre 1914,
Le Commissaire Résident Général
LYAUTEY.

22001-12-16.

www.ingramcontent.com/pod-product-compliance
Ingram Content Group UK Ltd.
Pitfield, Milton Keynes, MK11 3LW, UK
UKHW021134230726
13926UKWH00002B/793